DANIEL CHAMOVITZ

WAS PFLANZEN WISSEN

WIE SIE HÖREN, SCHMECKEN UND SICH ERINNERN

Aus dem Englischen von Christa Broermann
Erweiterte und vollständig überarbeitete Neuausgabe

Carl Hanser Verlag

Titel der Originalausgabe:
What a Plant Knows: A Field Guide to the Senses:
Updated and Expanded Edition.
New York, Scientific American/Farrar, Straus and Giroux 2017

1 2 3 4 5 21 20 19 18 17

ISBN 978-3-446-25541-8

Satz: Kösel Media GmbH, Krugzell
Druck und Bindung: CPI books GmbH, Leck
Printed in Germany

FSC
www.fsc.org
MIX
Papier aus verantwortungs-
vollen Quellen
FSC® C083411

Für Shira, Eytan, Noam und Shani

INHALT

VORWORT

In den fünf Jahren, die seit der Veröffentlichung der ersten Auflage von *Was Pflanzen wissen* vergangen sind, war ein lebhafter Aufschwung des Interesses an den Sinnen von Pflanzen zu beobachten. Das Tempo der wissenschaftlichen Entdeckungen in der Pflanzenbiologie ist so schnell, dass diese Neuauflage bahnbrechende Informationen enthält, die manchen Schlussfolgerungen in der Erstauflage diametral entgegengesetzt sind. Sowohl die Gemeinschaft der Wissenschaftler als auch die populärwissenschaftliche Presse haben sich weit von der Pseudowissenschaft entfernt, die für einen Großteil des anfänglichen Interesses an den Sinneswahrnehmungen der Pflanzen typisch war und gegen die etablierte Pflanzenkundler zu Felde zogen. In einer Zeit des wachsenden nationalen Isolationismus ist das globale Interesse daran, wie Pflanzen auf ihre Umwelt reagieren, beruhigend. Der große Anklang, den *Was Pflanzen wissen* in Peking und in München, in San Francisco und in Seoul gefunden hat, legt Zeugnis für den universellen Wunsch ab, unsere grünen Nachbarn zu verstehen.

Und warum sollte dieses Interesse auch nicht universell sein? Schließlich sind wir ganz und gar auf Pflanzen angewiesen. Wir erwachen in Häusern, deren Holz aus den Wäldern von Maine stammt, schenken uns eine Tasse Kaffee aus brasilianischen Kaffeebohnen ein, ziehen ein T-Shirt aus ägyptischer Baumwolle an, drucken einen Bericht auf Papier aus, das aus tasmanischen Eukalyptusbäumen hergestellt wurde, und fahren unsere Kinder in Autos zur Schule, die mit Benzin angetrieben werden, das seinen Ursprung in vor Jahrmillionen abgestorbenen Palmfarnen hat und das auf Gummireifen fährt, die aus in Afrika gewonnenem Kautschuk sind. Chemische Substanzen, die aus Pflanzen extrahiert werden, senken Fieber (denken Sie an Acetylsalicylsäure) und dienen der Behandlung von Krebs (Paclitaxel). Weizen leitete das Ende eines Zeitalters und den Beginn eines neuen ein, und die bescheidene Kartoffel führte zu großen Auswanderungswellen. Und Pflanzen inspirieren und erstaunen uns noch immer: Die mächtigen Mammutbäume sind die größten eigenständigen Organismen auf der Erde, Algen gehören zu den kleinsten, und Rosen zaubern ein Lächeln auf jedes Gesicht.

Mein Interesse an den Parallelen zwischen den Sinnesorganen von Pflanzen und Menschen erwachte, als ich in den 1990er-Jahren ein junger *Postdoctoral Fellow* an der Yale University war. Ich wollte speziell die biologischen Prozesse von Pflanzen näher erforschen, ohne eine Verbindung zur Biologie des Menschen herzustellen (wahrscheinlich als Reaktion auf die sechs weiteren Doktoren in der Familie, die allesamt Ärzte sind). Daher reizte mich die Frage, wie Pflanzen Licht für die Steuerung ihrer Entwicklung nutzen. Bei meinen Untersuchungen entdeckte ich eine einzigartige Gruppe von Genen, die eine Pflanze braucht, um feststellen zu können, ob sie sich gerade im Licht oder im Dunkeln befindet.[1] Zu meiner großen Überraschung und entgegen all meinen Plänen entdeckte ich später, dass dieselbe Gruppe von Genen auch Teil der menschlichen DNA ist.[2] Das führte zu der naheliegenden Frage, welche Aufgaben diese scheinbar »pflanzenspezifischen« Gene beim Menschen haben. Viele Jahre später und nach umfangreicher Forschungsarbeit wissen wir, dass diese Gene nicht nur bei Pflanzen, Tieren und Menschen vorkommen, sondern dass sie (neben anderen Entwicklungsprozessen) auch bei allen die Reaktion auf Licht regulieren![3]

Das brachte mich zu der Erkenntnis, dass der genetische Unterschied zwischen Pflanzen, Tieren und Menschen nicht so signifikant ist, wie ich bis dahin geglaubt hatte. Ich begann schon nach den Parallelen zwischen der Biologie von Pflanzen und Menschen zu fragen, als meine eigene Forschungsarbeit nicht mehr der Untersuchung der pflanzlichen Reaktion auf Licht, sondern der Leukämie bei Fruchtfliegen galt. Dabei entdeckte ich, dass es zwar keine Pflanze gibt, die sagen kann: »Gieß mich, Seymour!«, dass es jedoch viele Pflanzen gibt, die eine ganze Menge »wissen«.

Im Allgemeinen schenken wir den außerordentlich hoch entwickelten Möglichkeiten der Sinneswahrnehmung von Blumen und Bäumen, die direkt vor unserer Nase im eigenen Garten wachsen, eher wenig Beachtung. Die meisten Tiere können ihre Umgebung wählen und bei einem Sturm Schutz suchen, aktiv nach Nahrung und einem Partner Ausschau halten oder im Rhythmus der Jahreszeiten in wechselnde Regionen ziehen. Pflanzen müssen dagegen fähig sein, ständig veränderlichem Wetter, raumgreifenden Nachbarn und Angriffen von Schädlingen standzuhalten und sich anzupassen, ohne an einen besseren Standort umziehen zu können. Deshalb haben Pflanzen komplexe Systeme der Sinneswahrnehmung und Regulierung entwickelt, die ihnen erlauben, bei ihrem Wachstum die wechselhaften Bedingungen zu berücksichtigen. Eine Ulme muss wissen, ob ihr Nachbar Schatten auf sie wirft und ihr die Sonne wegnimmt, damit sie einen Weg findet, dem erreichbaren Licht entgegenzuwachsen. Ein Kopfsalat muss wissen, ob gefräßige Blattläuse im Begriff sind, ihn zu vertilgen, damit er zu seinem Schutz giftige chemische Stoffe erzeugen kann, die die Schädlinge töten. Eine Douglasie muss wissen, ob peitschende Winde an ihren Zweigen rütteln, damit sie einen entsprechend stärkeren Stamm ausbilden kann. Kirschbäume müssen wissen, wann sie blühen sollen, damit Blütezeit und Fruchtreife in die geeigneten Jahreszeiten fallen.

Auf der genetischen Ebene sind Pflanzen komplexer als viele Tiere, und eine ganze Reihe der wichtigsten Entdeckungen in der gesamten Biologie stammt aus der Erforschung der Pflanzen. Robert Hooke entdeckte 1665 als Erster Zellen, als er mit einem selbstgebauten Mikroskop Kork untersuchte. Im 19. Jahrhundert erarbeitete Gregor Mendel anhand von Erbsenpflanzen die Prinzipien der modernen Genetik, und Mitte des 20. Jahrhunderts zeigte Barbara McClintock an Maispflanzen, dass es sogenannte »springende Gene« gibt. Inzwischen weiß man, dass diese springenden Gene ein Merkmal jeglicher DNA und eng mit dem Auftreten von Krebs beim Menschen verknüpft sind. Und obwohl wir in Darwin vor allem einen der Gründerväter der modernen Evolutionstheorie sehen, fielen doch einige seiner wichtigsten Entdeckungen speziell in den Bereich der Pflanzenbiologie. In diesem Buch werden wir eine ganze Reihe von ihnen kennenlernen.

Meine Verwendung des Wortes »wissen« ist offenkundig unorthodox. Pflanzen haben kein Zentralnervensystem, eine Pflanze hat kein Gehirn, das Informationen für ihren gesamten »Körper« koordiniert. Dennoch sind die verschiedenen Teile aufs Engste miteinander verbunden, und Informationen über Licht, chemische Stoffe in der Luft und die Temperatur werden ständig zwischen Wurzeln und Blättern, Blüten und Stängel ausgetauscht, damit die Pflanze sich optimal auf ihre Umwelt einstellen kann. Wir können menschliches Verhalten nicht mit der Funktionsweise von Pflanzen in ihrer Welt gleichsetzen, aber ich möchte Sie bitten, mir freundlicherweise zu gestatten, dass ich im ganzen Buch eine Begrifflichkeit benutze, die normalerweise dem menschlichen Erleben vorbehalten ist. Wenn ich frage, was eine Pflanze *sieht* oder *riecht,* will ich damit nicht behaupten, dass Pflanzen Augen oder Nasen haben (oder ein Gehirn, das alle Sinneseindrücke mit Emotionen färbt). Aber ich glaube, diese Begrifflichkeit fordert uns dazu heraus, auf neue Weise darüber nachzudenken, was Sehen und Riechen ist, was eine Pflanze ist und letztlich auch, was wir sind.

Mein Buch ist nicht wie *Das geheime Leben der Pflanzen*; wenn Sie Argumente dafür suchen, dass Pflanzen genauso sind wie wir, werden Sie hier nicht fündig. Denn wie der namhafte Pflanzenphysiologe Arthur Galston schon 1974 erklärte, als das Interesse an diesem populären, aber wissenschaftlich mageren Buch auf dem Höhepunkt war, müssen wir uns vor »bizarren Behauptungen« in Acht nehmen, »die ohne angemessen stichhaltige Beweise aufgestellt werden.«[4] Das Schlimme war, dass *Das geheime Leben der Pflanzen* nicht nur leichtgläubige Leser in die Irre führte, sondern sich auch in der Wissenschaft niederschlug und wichtige Untersuchungen über das Verhalten von Pflanzen im Keim erstickte, da die Forscher sich nun vor allen Studien hüteten, die Parallelen zwischen den Sinnen von Menschen, Tieren und Pflanzen auch nur andeuteten.

In den über 40 Jahren, die seit dem großen medialen Wirbel um *Das geheime Leben der Pflanzen* vergangen sind, haben Wissenschaftler ein weit tieferes Verständnis für die Biologie der Pflanzen erlangt. In *Was Pflanzen wissen* werde ich die neuesten Forschungen auf dem Gebiet der Pflanzenbiologie ausloten und behaupten, dass Pflanzen tatsächlich über Sinne verfügen. Dabei bietet dieses Buch keinesfalls einen erschöpfenden und vollständigen Überblick darüber, was die moderne Wissenschaft über die Sinne von Pflanzen zu sagen hat, denn das würde ein Werk erfordern, das allen außer einer Handvoll unerschrockener Leser verschlossen bliebe. Stattdessen beleuchte ich in jedem Kapitel einen unserer menschlichen Sinne und vergleiche, was dieser Sinn für uns bedeutet und was für Pflanzen. Ich beschreibe, wie die Sinneseindrücke wahrgenommen, wie sie verarbeitet werden und welche ökologischen Implikationen dieser Sinn für eine Pflanze hat. Außerdem werde ich in jedem Kapitel sowohl die historische Perspektive des Themas aufzeigen als auch die moderne Betrachtungsweise erläutern.

Vielleicht haben Sie Lust, sich in dem Wissen, was Pflanzen alles für uns leisten, einen Augenblick Zeit zu nehmen, um mehr darüber zu erfahren, was Wissenschaftler über sie herausgefunden haben. Gehen wir also auf die Reise und erkunden die Wissenschaft hinter dem Innenleben von Pflanzen. Als Erstes werden wir verraten, was Pflanzen, die unseren Garten bevölkern, eigentlich sehen.

WAS EINE PFLANZE SIEHT

... obgleich an der Wurzel befestigt,
Dreht sie nach Sol sich herum und behält,
auch verwandelt, die Liebe.
Ovid, *Metamorphosen*

Halten Sie sich einmal vor Augen: Pflanzen sehen Sie.

Pflanzen überwachen ständig ihre sichtbare Umgebung. Sie sehen es, wenn Sie in ihre Nähe kommen, und wissen, wann Sie sich über sie beugen. Sie wissen sogar, ob Sie ein blaues oder ein rotes Hemd anhaben. Sie nehmen wahr, ob Sie Ihr Haus frisch gestrichen oder die Blumentöpfe von einer Seite des Wohnzimmers auf die andere gestellt haben.

Natürlich »sehen« Pflanzen nicht in Bildern, so wie Sie oder ich. Pflanzen können nicht zwischen einem Mann mittleren Alters mit einer Brille und sich lichtendem Haar und einem lächelnden kleinen Mädchen mit braunen Locken unterscheiden. Aber sie nehmen auf vielfältige Weise Licht wahr – und auch solche Farben, die wir uns nicht einmal vorstellen können. So »sehen« Pflanzen ultraviolettes Licht, das uns Sonnenbrände beschert, und auch Infrarotlicht, das uns durchwärmt. Pflanzen erfassen, ob es sehr wenig Licht gibt, wie etwa von einer Kerze, ob es gerade

Mittag ist und ob die Sonne demnächst hinter dem Horizont verschwindet. Pflanzen wissen, ob das Licht von links, rechts oder oben kommt. Sie wissen, ob eine andere Pflanze über ihnen gewachsen ist und ihnen Licht wegnimmt. Und sie wissen, wie lange das Licht geleuchtet hat.

Kann man das alles nun als »Sehfähigkeit der Pflanze« bezeichnen? Überlegen wir zunächst einmal, was Sehen für uns ist. Stellen Sie sich jemanden vor, der blind geboren ist und seither in völliger Dunkelheit lebt. Nun erhält diese Person die Fähigkeit, zwischen Hell und Dunkel zu unterscheiden. Dann könnte sie zwischen Tag und Nacht, drinnen und draußen differenzieren. Diese neue Wahrnehmungsmöglichkeit würde ganz neue Funktionsebenen eröffnen und wäre sicherlich als rudimentäres Sehen einzustufen. Könnte dieselbe Person jetzt zusätzlich auch noch Farben erkennen, beispielsweise »oben Blau« und »unten Grün«, wäre das eine beträchtliche Verbesserung gegenüber einem Leben in Dunkelheit oder der Fähigkeit, nur Weiß oder Grau erkennen zu können. Eine solche fundamentale Veränderung – von völliger Blindheit zum Farbensehen – wäre für diese Person definitiv »Sehfähigkeit«.

Das amerikanische Wörterbuch *Merriam-Webster's* definiert »Sehen« als »den körperlichen Sinn, mit dem vom Auge empfangene Lichtreize vom Gehirn interpretiert sowie zu einer Repräsentation der Position, Form, Helligkeit und normalerweise auch Farbe von Objekten im Raum zusammengesetzt werden.«[5] Wir sehen Licht nur in dem Bereich, den wir als »sichtbares Spektrum« oder »Lichtspektrum« bezeichnen. »Licht« ist dabei ein umgangssprachliches Synonym für die elektromagnetischen Wellen im sichtbaren

Spektrum. Das heißt, Licht hat Eigenschaften, die es auch mit allen anderen Arten von elektrischen Signalen wie Mikro- oder Radiowellen teilt. Radiowellen für Rundfunksendungen mit Amplitudenmodulation haben sehr große Wellenlängen, beinahe 800 Meter lang. Aus diesem Grund sind Radioantennen viele Stockwerke hoch. Im Gegensatz dazu sind Röntgenstrahlen extrem kurzwellig, eine Billion Mal kürzer als Radiowellen, deshalb durchdringen sie unseren Körper so leicht.

Lichtwellen liegen in einem schmalen Wellenlängenbereich dazwischen, ihre Wellenlängen reichen von 400 bis 700 Nanometer (milliardstel Meter). Blaues Licht ist am kurzwelligsten, rotes am langwelligsten, Grün, Gelb und Orange liegen dazwischen – genau in der Reihenfolge der Farbstreifen von Regenbögen. Diese elektromagnetischen Wellen »sehen« wir, weil unsere Augen mit speziellen lichtempfindlichen Proteinen und Sinneszellen namens Photorezeptoren ausgestattet sind, die diese Wellen empfangen und absorbieren können, gerade so wie Antennen Radiowellen absorbieren.

Die Netzhaut, die lichtempfindliche Schicht an der hinteren Innenseite unseres Auges, ist mit vielen Reihen dieser Rezeptoren bedeckt, so ähnlich wie es in Flachbildschirmen zahlreiche Reihen von LEDs oder in Digitalkameras Sensoren gibt. Jede Stelle der Netzhaut ist mit Photorezeptoren übersät: Die sogenannten »Stäbchen« sind für jegliches Licht empfindlich und daher für das Hell-Dunkel-Sehen zuständig; die unterschiedlichen Typen der »Zapfen« hingegen reagieren auf verschiedene Wellenlängen des Lichts. Die menschliche Netzhaut hat etwa 125 Millionen Stäbchen und

6 Millionen Zapfen, und zwar auf einer Fläche, die nur etwa so groß wie ein Passfoto ist. Diese riesige Anzahl von Rezeptoren auf einer so kleinen Fläche verschafft uns die hohe Auflösung der wahrgenommenen Bilder. Sie entspricht der Auflösung einer Digitalkamera mit 130 Megapixeln. Durchschnittliche Digitalkameras verfügen dagegen über lediglich 8 Megapixel, Outdoor-LED-Bildschirme weisen höchstens 10 000 LEDs pro Quadratmeter auf.

Stäbchen besitzen die höhere Lichtempfindlichkeit und ermöglichen es uns, auch in der Nacht und bei schwachem Licht zu sehen, allerdings nur schwarz-weiß. Für unsere Farberkennung sind – bei genügend hellem Licht – drei unterschiedliche Arten von Zapfen zuständig: die rot-, die grün- und die blauempfindlichen. Der Hauptunterschied zwischen diesen Photorezeptoren besteht in den spezifischen chemischen Stoffen, die sie enthalten. Diese Substanzen, die man bei den Stäbchen Rhodopsin und bei den Zapfen Photopsin nennt, haben eine spezifische Struktur, die sie befähigt, Licht verschiedener Wellenlängen zu absorbieren. Blaues Licht wird von Rhodopsin und dem blau-sensitiven Photopsin absorbiert, rotes Licht von Rhodopsin und dem rot-sensitiven Photopsin. Violettes Licht wird von Rhodopsin, blau-sensitivem Photopsin und rot-sensitivem Photopsin absorbiert, *nicht* aber von grün-sensitivem Photopsin usw. Haben Stäbchen oder Zapfen das Licht aufgenommen, senden sie ein Signal an das Gehirn, das dann alle Signale von den Millionen Photorezeptoren zu einem einzigen, zusammenhängenden Bild verarbeitet.

Blindheit kann die Folge von Störungen auf vielen Ebenen sein. Eine mögliche Ursache ist eine gestörte Lichtwahrnehmung der Netzhaut aufgrund eines physischen Defekts in ihrer Struktur oder bei der Erfassung des Lichts (beispielsweise wegen Problemen mit dem Rhodopsin und den Photopsinen). Oder es fehlt die Fähigkeit, die Information an das Gehirn weiterzuleiten. Menschen beispielsweise, die in Bezug auf die Farbe Rot farbenblind sind, haben keine rot-sensitiven Zapfen. Bei ihnen wird rotes Licht nicht absorbiert, und das Gehirn erhält keine roten Signale.

Das menschliche Sehen erfordert also Zellen, die das Licht aufnehmen, und ein Gehirn, das diese Informationen anschließend weiterverarbeitet, sodass wir reagieren können. Was aber geschieht bei Pflanzen?

DARWIN ALS BOTANIKER

Vom Einfluss des Lichts auf das Pflanzenwachstum waren schon Charles Darwin und sein Sohn Francis fasziniert. Es ist wenig bekannt, dass Charles Darwin in den 20 Jahren nach der Veröffentlichung seines bahnbrechenden Werkes *Über die Entstehung der Arten* eine Reihe von Versuchen durchführte, die die Pflanzenforschung bis heute beeinflussen. In seinem letzten Buch, *Das Bewegungsvermögen der Pflanzen,* beschrieb Darwin die Beobachtung, dass sich fast alle Pflanzen dem Licht entgegenbiegen.[6] Das sehen wir auch regelmäßig an Zimmerpflanzen, die sich den Sonnenstrahlen zuneigen, die durch das Fenster fallen. Dieses Verhalten nennt man Phototropismus. Im Jahr 1864 entdeckte ein Zeitgenosse von Darwin, Julius von Sachs, dass vorrangig blaues Licht die Pflanzen zum Phototropismus anregt, während sie im Allgemeinen blind für andere Farben sind, die sich auch kaum auf ihre Hinwendung zum Licht auswirken. Doch wie oder mit welchem Teil eine Pflanze das Licht sieht, das aus einer bestimmten Richtung kommt, das wusste damals niemand.

Mit einem sehr einfachen Versuch zeigten Darwin und sein Sohn, dass diese Neigung nicht auf die Photosynthese zurückzuführen war, also den Prozess, durch den Pflanzen Licht in Energie verwandeln, sondern vielmehr auf eine der Pflanze innewohnende Bereitschaft, sich auf Licht zuzubewegen. Für ihren Versuch zogen Darwin Vater und Sohn mehrere Tage lang in einem völlig dunklen Raum in einem Topf Kanariengras *(Phalaris canariensis)*. Dann zündeten sie etwa zwölf Fuß von dem Topf entfernt eine sehr kleine Gaslampe an und hielten das Licht so schwach, dass sie »die Sämlinge selbst nicht sehen … noch eine Bleistiftlinie auf

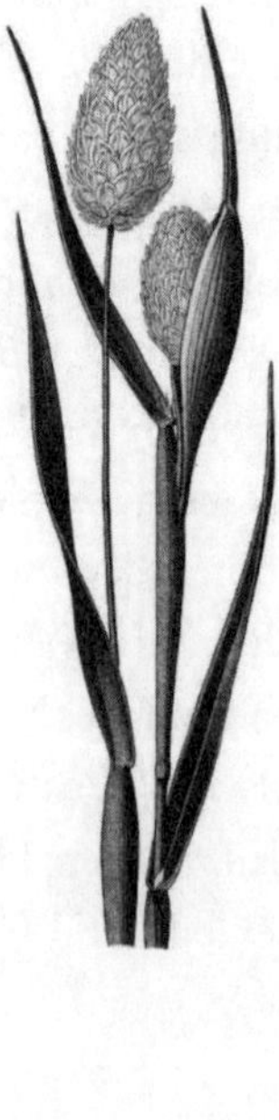

(1) Kanariengras *(Phalaris canariensis)*.

Papier erkennen … konnten.«[7] Aber nach lediglich drei Stunden hatten sich die Pflanzen sichtbar zu dem trüben Licht hingebogen. Die Krümmung fand immer an derselben Stelle des Sämlings statt, nämlich etwa 2,5 Zentimeter unterhalb der Spitze.

Diese Beobachtung führte die beiden Darwins zu der Frage, welcher Teil der Pflanze das Licht wahrnahm. Dazu führten sie ein Experiment durch, das zu einem Klassiker der Botanik wurde. Sie stellten die Hypothese auf, dass die »Augen« der Pflanze an der Spitze des Sämlings zu finden seien und *nicht* an der Stelle des Sämlings, an der er sich krümmt. Dann überprüften sie den Phototropismus an fünf verschiedenen Pflänzchen so, wie es die folgende Darstellung illustriert:

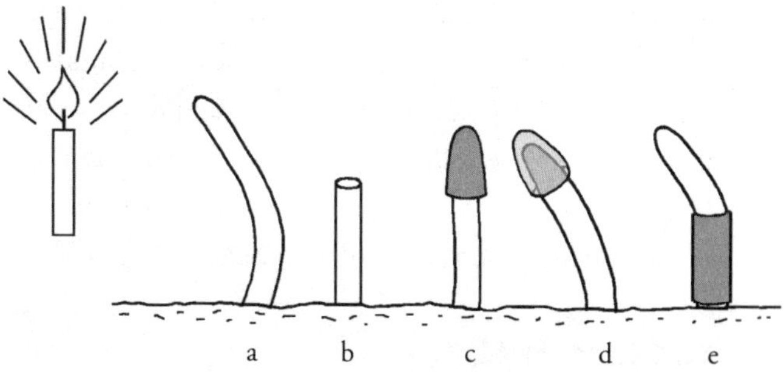

(2) Darwins Experimente zum Phototropismus.

a *Auf den ersten Sämling wurde kein äußerer Einfluss ausgeübt.*

b *Dem zweiten Sämling wurde die Spitze abgeschnitten.*

c *Dem dritten wurde eine lichtundurchlässige Kappe übergestülpt.*

d *Dem vierten wurde eine durchsichtige Glaskappe übergestülpt.*

e *Beim fünften wurde der mittlere Teil mit einem lichtundurchlässigen Röhrchen bedeckt.*

Diese Experimente wurden unter denselben Bedingungen mit den Sämlingen durchgeführt wie der anfängliche Versuch, und selbstverständlich bog sich der unbehandelte Sämling *(a)* zum Licht hin. Das bestätigte, dass die Bedingungen des Experiments zu Phototropismus führen. Auch der Sämling mit dem lichtundurchlässigen Röhrchen um die Mitte *(e)* bog sich dem Licht entgegen. Entfernte man jedoch die *Spitze* eines Sämlings *(b)* oder bedeckte sie mit einer lichtdichten Kappe *(c)*, so konnte sie sich nicht mehr zum Licht neigen; sie schien »erblindet« zu sein. In der vierten Anordnung *(d)* bog sich der Sämling weiterhin dem Licht entgegen, obwohl seine Spitze von einer Kappe bedeckt war. Offensichtlich konnte trotz des Glases genügend Licht die Spitze der Pflanze erreichen.

Mit diesem einfachen Versuch, den Vater und Sohn 1880 veröffentlichten, bewiesen die Darwins, dass Phototropismus eine Folge davon ist, dass Licht auf die Spitze des Keimlings einer Pflanze fällt. Die Spitze sieht das Licht und leitet diese Information an den mittleren Teil der Pflanze weiter, um ihr mitzuteilen, sie solle sich in die entsprechende Richtung biegen. Damit hatten die Darwins erfolgreich nachgewiesen, dass Pflanzen zu rudimentärem Sehen fähig sind.

MARYLAND MAMMOTH: DER TABAK, DER EINFACH WEITERWUCHS

Mehrere Jahrzehnte später tauchte in den Tälern des südlichen Maryland eine neue Art von Tabak auf und erweckte das Interesse daran, wie Pflanzen die Welt sehen, wieder zum Leben. In diesen Tälern lagen schon seit der Ankunft der Siedler am Ende des 17. Jahrhunderts einige der größten Tabakpflanzungen Amerikas. Die Tabakbauern lernten von Indianerstämmen wie den Susquehannock, die schon jahrhundertelang Tabak angebaut hatten, und säten im Frühling und ernteten im Spätsommer. Einige Pflanzen wurden nicht geerntet; man ließ sie zum Blühen kommen, um Saatgut für das nächste Jahr zu gewinnen. Im Jahr 1906 fiel den Bauern erstmals eine neue Art Tabakpflanze auf, die anscheinend unbegrenzt weiterwuchs. Sie konnte bis zu 4,5 Meter hoch werden, beinahe 100 Blätter hervorbringen und hörte erst auf zu wachsen, wenn Frost einsetzte. Auf den ersten Blick scheint eine derart robuste, immer weiterwachsende Pflanze ein Segen für Tabakbauern zu sein. Doch die Sorte, die man passenderweise *»Maryland Mammoth«* taufte, wuchs zwar unentwegt weiter, blühte aber fast nie, sodass

(3) Tabak
(Nicotiana tabacum).

die Bauern keine Samen für die Aussaat des Folgejahres gewannen.

Die Pflanze schien nicht zu wissen, wann sie nicht länger Blätter treiben, sondern stattdessen Blüten und Samen hervorbringen sollte. Im Jahr 1918 machten sich Wightman W. Garner und Harry A. Allard, zwei Wissenschaftler vom US-Landwirtschaftsministerium, auf die Suche nach dem Grund dafür.[8] Sie setzten *»Maryland Mammoth«* in Töpfe. Einen Teil der Pflanzen ließen sie ständig draußen auf dem Feld, der andere wurde tagsüber ebenfalls aufs Feld gestellt, aber jeden Nachmittag in einen dunklen Schuppen gebracht. Das simple Begrenzen der Lichtmenge, die der zweite Teil der Pflanzen erhielt, hatte zur Folge, dass der Tabak nicht weiterwuchs, sondern Blüten bekam. Setzte man ihn also den langen Sommertagen aus, brachte er immer weiter Blätter hervor, doch verkürzte man seine Tage künstlich, so kam er zum Blühen.

Dieses Phänomen nennt man Photoperiodismus, und es war das erste starke Indiz dafür, dass Pflanzen messen, wie viel Licht sie aufnehmen.[9] Bei weiteren Versuchen hat sich im Lauf der Jahre herausgestellt, dass viele Pflanzen genau wie *Maryland-Mammoth*-Tabak nur dann blühen, wenn der Tag kurz ist. Man nennt sie deshalb Kurztagpflanzen. Dazu gehören auch Chrysanthemen und Sojabohnen. Andere Pflanzen brauchen einen langen Tag, um zur Blüte zu gelangen, so bezeichnet man etwa Iris und Gerste als Langtagpflanzen. Diese Entdeckung bedeutete, dass die Bauern jetzt die Blüte nach den Erfordernissen ihres Zeitschemas manipulieren konnten, indem sie die Lichtmenge kontrollierten, die eine Pflanze erhielt. Bald kamen Bauern in Florida darauf, dass sie viele Monate lang *Maryland-Mammoth*-Tabak wachsen lassen konnten (ohne die Beeinträchtigung durch den Frost, den es in Maryland gab) und dass die Pflanzen irgendwann um die Mitte des Winters auf den Feldern blühen würden, wenn die Tage am kürzesten waren.

WELCHEN UNTERSCHIED EIN (KURZER) TAG MACHT

Das Konzept des Photoperiodismus löste bei den Wissenschaftlern eine Flut von Aktivitäten aus. Zahlreiche Fragen drängten sich auf: Messen Pflanzen die Länge des Tages oder die der Nacht? Und welche Lichtfarben sehen Pflanzen?

Um die Zeit des Zweiten Weltkriegs entdeckten Forscher, dass sie Einfluss darauf nehmen konnten, wann Pflanzen blühen, indem sie einfach mitten in der Nacht das Licht ein- und ausschalteten. Sie konnten eine Kurztagpflanze wie die Sojabohne daran hindern, an den kurzen Tagen Blüten anzusetzen, wenn sie nachts nur einige Minuten lang das Licht anschalteten. Andererseits konnten sie eine Langtagpflanze wie die Iris dazu bringen, sogar an den kurzen Tagen mitten im Winter Blüten zu bilden, wenn sie sie mitten in der Nacht für wenige Augenblicke mit Licht versorgten. Diese Versuche bewiesen, dass die Pflanzen nicht etwa die Länge des *Tages* registrierten, sondern die Länge einer durchgängigen Periode von Dunkelheit.

Mithilfe dieser Technik können Blumenzüchter Chrysanthemen punktgenau zum Muttertag zum Blühen bringen: dem optimalen Tag, um sie schlagartig auf den Frühblühermarkt zu werfen. Muttertag ist im Frühling, Chrysanthemen blühen aber normalerweise im Herbst, wenn die Tage kürzer werden. Also ziehen die Chrysanthemenzüchter die Pflanzen im Gewächshaus und halten sie vom Blühen ab, indem sie den ganzen Herbst und Winter hindurch nachts einige Minuten lang das Licht einschalten. Ab zwei Wochen vor dem Muttertag dann bleibt das Licht nachts einfach aus, und alle Pflanzen setzen gleichzeitig Blüten an, sodass sie für die Ernte und den Versand bereit sind.

Die Wissenschaftler waren auch neugierig, welche Farbe das Licht hat, das die Pflanzen sehen. Bei ihren Tests entdeckten sie Überraschendes: Sämtliche Pflanzen, ganz gleich welche, reagierten in der Nacht ausschließlich auf einen roten Lichtblitz.[10] Blaue oder grüne Lichtblitze während der Nacht hatten keinen Einfluss darauf, wann die Pflanzen blühten, doch wenige Sekunden *roten* Lichts wirkten sich aus. Die Pflanzen unterschieden also zwischen verschiedenen Farben: Sie nutzten blaues Licht, um festzustellen, in welche Richtung sie sich biegen mussten, und rotes Licht, um die Länge der Nacht zu registrieren.

Anfang der 1950er-Jahre machten Harry Borthwick und seine Kollegen von jenem Labor des US-Landwirtschaftsministeriums, in dem auch der *Maryland-Mammoth*-Tabak erstmals untersucht worden war, die erstaunliche Entdeckung, dass Dunkelrotlicht die Wirkung des roten Lichts auf die Pflanzen zunichtemachen kann.[11] Dunkelrotlicht hat eine etwas größere Wellenlänge als Hellrotlicht und ist am häufigsten so gerade eben in der Abenddämmerung zu sehen. Setzt man Iris, die normalerweise in langen Nächten nicht blüht, mitten in der Nacht ein paar Sekunden lang rotem Licht aus, dann blüht sie so strahlend schön wie jede

Iris in einem Naturschutzgebiet. Beleuchtet man sie jedoch direkt nach dem leuchtend roten Licht mit Dunkelrotlicht, dann ist es, als hätte sie überhaupt kein rotes Licht abbekommen. Sie blüht nicht. Bestrahlt man sie hingegen nach dem Dunkelrotlicht mit leuchtend rotem Licht, so erblüht sie. Taucht man sie dann wieder in Dunkelrotlicht, blüht sie nicht. Das Licht wirkt, als würde es einen Schalter umlegen: Hellrotes Licht schaltet die Blüte an, dunkelrotes knipst sie aus. Wenn man den Schalter schnell genug betätigt, geschieht überhaupt nichts. Die Pflanze erinnert sich gleichsam an die letzte Farbe, die sie gesehen hat.

Als John F. Kennedy zum Präsidenten gewählt wurde, hatten Warren L. Butler und seine Kollegen bereits bewiesen, dass für die Wirkung des hellroten und auch des dunkelroten Lichts ein einziger Photorezeptor in den Pflanzen verantwortlich war.[12] Sie nannten diesen Rezeptor »Phytochrom«, das heißt »Pflanzenfarbe«. In einem ganz einfachen Modell ausgedrückt ist Phytochrom ein durch Licht aktivierbarer Schalter. Hellrotes Licht aktiviert Phytochrom und verwandelt es in eine Form, die für den Empfang von Dunkelrotlicht vorbereitet ist. Dunkelrotlicht deaktiviert das Phytochrom und bereitet es für den Empfang von hellrotem Licht vor. Das ist ökologisch außerordentlich sinnvoll, denn in der Natur ist das letzte Licht, das eine Pflanze am Ende des Tages sieht, dunkelrot, und das bedeutet für die Pflanze, sie soll jetzt »abschalten«. Am Morgen sieht sie hellrotes Licht und erwacht. Auf diese Weise »weiß« die Pflanze, wann sie zuletzt hellrotes Licht gesehen hat und reguliert ihr Wachstum entsprechend. Doch welcher Teil der Pflanze ist es genau, der das hell- und dunkelrote Licht zur Steuerung der Blüte sieht?

Aus Darwins Versuchen zum Phototropismus wissen wir, dass das »Auge« einer Pflanze an ihrer Spitze sitzt, die Reaktion auf das Licht jedoch im Stängel stattfindet. Daraus könnten wir schließen, dass das »Auge« für den Photoperiodismus ebenso an der Spitze der Pflanze sitzt. Doch überraschenderweise stimmt das nicht. Richtet man mitten in der Nacht einen Lichtstrahl auf verschiedene Teile der Pflanzen, dann entdeckt man, dass es genügt, nur ein einziges, beliebiges Blatt zu beleuchten, um die Blüte der *gesamten* Pflanze auszulösen. Wenn andererseits sämtliche Blätter entfernt und nur der Stängel und die Spitze übrig gelassen werden, ist die Pflanze für jegliche Form von Lichtblitzen »blind«, selbst wenn sie von oben bis unten angestrahlt wird. Wenn das Phytochrom in einem einzigen Blatt in der Nacht hellrotes Licht sieht, ist es, als würde die ganze Pflanze bestrahlt. Phytochrom in den Blättern empfängt die Lichtreize und initiiert ein mobiles Signal, das sich über die ganze Pflanze ausbreitet und das Erblühen auslöst.

BLINDE PFLANZEN IM ZEITALTER DER GENETIK

Wir Menschen haben vier Arten von Photorezeptoren in unseren Augen: Rhodopsin für das Hell-Dunkel-Sehen und drei Photopsine für das Sehen von Rot, Blau und Grün. Außerdem verfügen wir noch über einen fünften Lichtrezeptor, das Cryptochrom. Er reguliert unsere innere Uhr. Nun haben wir gesehen, dass auch Pflanzen vielfältige Photorezeptoren besitzen: So sehen sie richtunggebendes blaues Licht, was bedeutet, dass sie mindestens einen blauempfindlichen Photorezeptor haben müssen. Ihn hat man inzwischen als Phototropin erkannt. Und Pflanzen sehen hell- und dunkelrotes Licht, das über das Erblühen bestimmt. Das deutet darauf hin, dass sie zumindest über einen phytochromen Photorezeptor verfügen. Um festzustellen, wie viele Photorezeptoren Pflanzen genau besitzen, mussten die Wissenschaftler auf die Ära der Molekulargenetik warten, die erst einige Jahrzehnte nach der Entdeckung der Phytochrome begann.

Ein Vorstoß in diese Richtung wurde erstmals Anfang der 1980er-Jahre von Maarten Koornneef an der Universität Wageningen in den Niederlanden unternommen und später in zahlreichen Laboren wiederholt und weiterentwickelt. Er stützte sich zum Verständnis des Sehens bei Pflanzen auf die Genetik.[13] Koornneef stellte eine einfache Frage: Wie würde eine »blinde« Pflanze aussehen? Pflanzen, die im Dunkeln oder bei schwachem Licht heranwachsen, werden höher als solche, die im Hellen wachsen. Falls Sie sich je im Biologieunterricht bei einem naturwissenschaftlichen Versuch um Bohnensprossen gekümmert haben, dann wissen Sie, dass die Pflanzen im Wandschrank hoch, dünn und gelb, die auf dem Spielplatz draußen jedoch klein, kräftig und grün werden. Es ist ja auch sinnvoll, dass Pflanzen, die versuchen, aus der Erde ans Licht zu gelangen, oder die im Schatten stehen und den Weg zu unbehindertem Licht suchen müssen, sich normalerweise im Dunkeln strecken. Sollte Koornneef also eine Pflanze finden, die aufgrund einer Mutation blind ist, dann wüchse sie vielleicht auch bei hellem Licht hoch. Gelänge es ihm dann, blinde Pflanzenmutanten zu identifizieren und zu züchten, könnte er mithilfe der Genetik untersuchen, was bei ihnen nicht in Ordnung ist.

Koornneef führte seine Versuche an der *Arabidopsis thaliana* durch, einer im Labor gezüchteten Kleinen Ackerschmalwand, die zu den Kreuzblütlern zählt. Er behandelte eine Partie von *Arabidopsis*-Samen mit einer chemischen Substanz, von der bekannt ist, dass sie Mutationen in der DNA auslöst (und bei Laborratten auch Krebs verursacht), zog dann Sämlinge unter verschiedenfarbigem Licht und hielt Ausschau nach mutierten Pflanzen, die höher wurden als die anderen. Er fand viele. Manche der Mutanten wurden unter blauem Licht höher, erreichten aber unter rotem Licht nur ihre normale Größe. Andere wurden unter rotem Licht größer, blieben aber unter blauem normal. Einige wurden unter UV-Licht höher, entwickelten sich aber unter allen anderen Lichtfarben normal, und wieder andere wurden unter rotem *und* blauem Licht höher. Einige wenige wurden nur unter schwachem Licht höher, andere nur bei normaler Helligkeit.

Viele dieser Mutanten, die für bestimmte Lichtfarben blind waren, wiesen Defekte in den jeweiligen Photorezeptoren auf, die das Licht absorbieren. Eine Pflanze ohne Phytochrom wuchs in rotem Licht so, als stünde sie im Dunkeln. Überraschenderweise traten einige der Photorezeptoren paarweise auf, wobei einer für schwaches Licht und der andere für helles Licht spezifisch war. Um die umfassenden und komplexen Befunde kurz zusammenzufassen: Wir wissen heute, dass *Arabidopsis* mindestens *elf* verschiedene Photorezeptoren besitzt, von denen einige der Pflanze sagen, wann sie keimen soll, andere, wann sie sich zum Licht hinbiegen soll, und wieder andere, wann es Nacht ist.[14] Manche teilen der Pflanze mit, dass gerade sehr viel Licht auf sie fällt,

(4) Kleine Ackerschmalwand *(Arabidopsis thaliana).*

andere, dass das Licht schwach ist, und wieder andere helfen der Pflanze, im zeitlichen Rhythmus zu bleiben.*

Das pflanzliche Sehen ist also auf der Wahrnehmungsebene wesentlich komplexer als das menschliche Sehen. Für die Pflanze ist Licht ja auch viel mehr als ein Signal: Pflanzen brauchen Licht, um zu essen. Pflanzen nutzen das Licht, um Wasser und Kohlendioxid in Zucker zu verwandeln, der wiederum allen Tieren Nahrung bietet. Aber Pflanzen sind auch ortsfeste Organismen, die sich nicht von der Stelle bewegen. Sie sind buchstäblich an einem bestimmten Ort

* Genauer gesagt hat *Arabidopsis* mindestens elf verschiedene Photorezeptoren, die in fünf unterschiedliche Klassen fallen (Phototropine, Phytochrome und Cryptochrome sowie zwei zusätzliche Klassen). Andere Pflanzen besitzen ebenfalls diese fünf Klassen von Photorezeptoren, aber in den jeweiligen Klassen mal mehr, mal weniger dieser Rezeptoren.

verwurzelt und können nicht auf Wanderschaft gehen, um Nahrung zu suchen. Als Ausgleich für dieses sesshafte Leben müssen sie die Fähigkeit haben, vor Ort an ihre Nahrung zu gelangen – also Licht zu suchen und einzufangen. Pflanzen müssen wissen, wo sich das Licht befindet, und statt sich wie die Tiere zu ihrer Nahrung hinzubewegen, müssen sie ihrer Energiequelle entgegenwachsen.

Eine Pflanze muss wissen, ob eine andere Pflanze über ihr gewachsen ist und ihr das Licht für die Photosynthese wegnimmt. Merkt eine Pflanze, dass sie im Schatten steht, wächst sie schneller, um herauszukommen. Außerdem müssen die Pflanzen überleben, das heißt, sie müssen wissen, wann sie aus ihren Samen »schlüpfen« müssen und wann sie sich vermehren sollen. Viele Arten von Pflanzen beginnen im Frühling zu wachsen, so wie auch viele Säugetiere im Frühjahr Junge bekommen. Woher wissen die Pflanzen, dass der Frühling gekommen ist? Das Phytochrom teilt ihnen mit, dass die Tage immer länger werden. Pflanzen blühen und samen auch aus, ehe der erste Schnee fällt. Woher wissen sie, dass es Herbst ist? Das Phytochrom sagt ihnen, dass die Nächte länger werden.

WAS PFLANZEN UND WAS MENSCHEN SEHEN

Pflanzen müssen ihrer dynamischen visuellen Umgebung gewahr sein, um überleben zu können. Sie müssen wissen, aus welcher Richtung wie viel Licht für wie lange Zeit kommt und welche Farbe es hat. Pflanzen können zweifellos sichtbare (und auch für uns unsichtbare) elektromagnetische Wellen erfassen. Während wir Menschen nur ein relativ begrenztes Spektrum dieser Wellen wahrnehmen können, sind Pflanzen auch noch für längere und kürzere Wellen empfänglich als wir. Obwohl aber Pflanzen ein viel breiteres Spektrum sehen als wir, sehen sie nicht in Bildern. Pflanzen haben kein Nervensystem, das Lichtreize in Bilder übersetzt. Stattdessen verwandeln sie Lichtsignale in unterschiedliche Wachstumsreize. Pflanzen haben keine Augen, so wie wir keine Blätter haben.*[15]

Aber sowohl sie als auch wir nehmen Licht wahr.

Sehen umfasst nicht nur die Fähigkeit, elektromagnetische Wellen zu *registrieren*, sondern auch die, auf diese Wellen zu *reagieren*. Die Stäbchen und Zapfen in unserer Netzhaut nehmen den Lichtreiz wahr, leiten diese Information zum Gehirn weiter, und wir reagieren auf die Information. Auch Pflanzen können das visuelle Signal in physiologisch erkennbare Instruktionen übersetzen. Es genügte Darwins Pflanzen nicht, das Licht an ihrer Spitze zu sehen, sie mussten es auch aufnehmen und irgendwie in eine Anweisung umwandeln, die den Pflanzen klarmachte, dass sie sich biegen sollen. Sie mussten auf das Licht *antworten*. Die komplexen Signale, die von den vielfältigen Photorezeptoren ausgehen, erlauben es einer Pflanze, ihr Wachstum in einer veränderlichen Umgebung optimal zu steuern, genau wie unsere vier Photorezeptoren es unserem Gehirn ermöglichen, Bilder zu erzeugen, die uns wiederum befähigen, unsere wechselnde Umgebung zu deuten und auf sie zu reagieren.

* Grünalgen, die primitivste Form von Pflanzen, haben eine Organelle namens Augenfleck, die den Algenzellen erlaubt, Veränderungen der Richtung und Intensität von Licht wahrzunehmen. Diese Augenflecke gelten als die einfachste Form von Augen in der Natur.

Weiten wir unseren Blickwinkel ein wenig und halten fest: Pflanzliches Phytochrom und menschliches rotes Photopsin sind nicht identische Photorezeptoren – zwar absorbieren beide rotes Licht, aber sie sind verschiedene Proteine mit unterschiedlicher Chemie. Was wir sehen, wird durch Photorezeptoren vermittelt, die sonst nur bei Tieren zu finden sind. Was eine Narzisse sieht, wird durch Photorezeptoren vermittelt, die nur Pflanzen besitzen. Die pflanzlichen und die menschlichen Photorezeptoren gleichen sich lediglich darin, dass sie jeweils aus einem Protein bestehen, das mit einem chemischen Farbstoff verbunden ist, der das Licht absorbiert – eben in ihrer physikalischen Funktionsweise.

Doch obwohl Pflanzen und Tiere sich seit Milliarden von Jahren unabhängig voneinander entwickelt haben, besitzen ihre Sehsysteme auch einige Gemeinsamkeiten. Sowohl Pflanzen als auch Tiere und Menschen haben einen Rezeptor für blaues Licht, den man Cryptochrom nennt.[*16] Cryptochrom hat keine Auswirkungen auf den Phototropismus

* Der Name »Cryptochrom« verdankt sich einem Scherz, den Jonathan Gressel einst am Weizmann Institute machte. Gressel hatte bei einer Gruppe von Organismen, zu denen Flechten, Moose, Farne und Algen zählten, die Reaktionen auf blaues Licht untersucht. Diese Pflanzen nennt man Kryptogame (»Geheimblüher«), weil sie sich ohne Blüte fortpflanzen. Wie alle anderen Wissenschaftler, die die Wirkungen von blauem Licht auf unterschiedliche Lebewesen erforschten, wusste er nicht, mit welchem Rezeptor das blaue Licht empfangen wurde. Trotz zahlreicher Versuche über viele Jahrzehnte hinweg war es noch niemandem gelungen, diesen Rezeptor zu isolieren; seine Natur war kryptisch. Als schlagfertiger Freund von Wortspielen schlug Gressel vor, man solle den nicht identifizierten Rezeptor doch einfach »Cryptochrom« nennen. Zum Leidwesen vieler seiner Kollegen wurde sein Scherz in die wissenschaftliche Nomenklatur aufgenommen, obwohl Cryptochrom 1993 endlich isoliert werden konnte und heute nicht mehr kryptisch ist.

von Pflanzen, hat aber eine Reihe von anderen Funktionen für die Regulierung des Pflanzenwachstums. Unter anderem kontrolliert es die innere Uhr einer Pflanze. Pflanzen haben, ebenso wie Tiere und Menschen, eine innere Zeitregulierung, die man als »circadiane Uhr« bezeichnet; sie ist auf reguläre Tag-Nacht-Zyklen abgestimmt. Bei uns regelt diese innere Uhr alle Bereiche unseres Lebens: wann wir hungrig sind, wann wir zur Toilette gehen müssen, wann wir müde werden, wann wir uns energiegeladen fühlen. Diese täglich auftretenden Wechsel im Verhalten unseres Körpers nennt man circadiane Rhythmen, weil sie selbst dann ungefähr im 24-Stunden-Rhythmus weiterwirken, wenn wir uns in einem geschlossenen Raum aufhalten, in den niemals Sonne dringt. Wenn wir um die halbe Welt fliegen, bringt das den circadianen Rhythmus aus dem Takt, weil die Tag-Nacht-Signale nicht mehr stimmen; dieses Phänomen bezeichnen wir als Jetlag. Die circadiane Uhr kann durch Licht wieder richtig eingestellt werden, aber das dauert einige Tage. Wenn wir viel Zeit draußen im Licht verbringen, hilft uns das daher, uns schneller vom Jetlag zu erholen, als wenn wir in einem dunklen Hotelzimmer bleiben.

Cryptochrom ist der Rezeptor für blaues Licht, der in erster Linie dafür zuständig ist, unsere circadianen Uhren bei Tageslicht neu zu stellen. Cryptochrom absorbiert blaues Licht und signalisiert den Zellen, dass jetzt Tag ist. Auch Pflanzen haben innere circadiane Uhren, die viele Prozesse regeln, darunter die Bewegung von Blättern und die Photosynthese. Wenn wir den Tag-Nacht-Zyklus einer Pflanze künstlich verändern, erfährt sie ebenfalls einen Jetlag und braucht einige Tage, um sich umzustellen. Wenn sich beispielsweise die Blätter einer Pflanze am Spätnachmittag senken und am Morgen heben, führt eine Umkehrung ihres Tag-Nacht-Zyklus anfangs dazu, dass sie ihre Blätter im Dunkeln hebt (zur bisherigen Morgendämmerung) und sie bei Licht senkt (als es bisher Abend wurde). Doch innerhalb weniger Tage passt sich das Heben und Senken der Blätter an den neuen Hell-Dunkel-Rhythmus an.

Das pflanzliche Cryptochrom spielt wie das Cryptochrom von Fruchtfliegen und Mäusen eine wichtige Rolle bei der Koordinierung externer Lichtsignale und innerer Uhr.[17]

Auf dieser elementaren Ebene der Kontrolle des circadianen Rhythmus durch blaues Licht »sehen« Pflanzen und Menschen im Wesentlichen auf dieselbe Weise. Aus einem evolutionären Blickwinkel betrachtet, ist das gar nicht so überraschend. Circadiane Uhren haben sich sehr früh in der Evolution bereits bei einzelligen Organismen entwickelt, lange ehe sich Tier- und Pflanzenreich voneinander getrennt haben. Die ursprünglichen Zeitgeber hatten wahrscheinlich die Aufgabe, die Zellen vor Schäden durch UV-Strahlung zu schützen. In dieser frühen inneren Uhr überwachte ein Ur-Cryptochrom das Licht in der Umgebung und verwies die Zellteilung in die Nacht. Selbst heute finden sich in den meisten einzelligen Organismen, darunter auch Bakterien und Pilzen, noch relativ einfache Uhren. Die Evolution der Lichtwahrnehmung entwickelte sich aus diesem gemeinsamen Photorezeptor in allen Organismen und spaltete sich dann in die beiden verschiedenen Sehsysteme auf, die Pflanzen heute von Tieren und Menschen unterscheiden.

Noch überraschender ist aber vielleicht die Tatsache, dass Pflanzen auch riechen können …

WAS EINE PFLANZE RIECHT

Man sah, dass Fels sich regt' und Bäume sprachen.
Shakespeare, *Macbeth*

Pflanzen riechen. Offenkundig senden Pflanzen Düfte aus, zu denen sich Tiere und Menschen hingezogen fühlen, aber sie riechen auch ihre *eigenen* Düfte und die ihrer Nachbarn. Pflanzen wissen es, wenn ihre Früchte reif sind, wenn ihr Nachbar vom Gärtner mit der Schere gestutzt oder von einem gefräßigen Käfer angefressen wird: Sie riechen es. Manche Pflanzen können sogar den Geruch einer Tomate vom Geruch des Weizens unterscheiden. Im Gegensatz zu der großen Bandbreite an visuellen Reizen, die eine Pflanze wahrnehmen kann, ist ihr Spektrum beim Riechen zwar begrenzt, aber ihr Geruchssinn ist hochsensibel und liefert dem lebendigen Organismus zahlreiche und vielfältige Informationen.

Wenn Sie das Wort »Riechen« in einem heutigen Wörterbuch nachschlagen, dann finden Sie es als die Fähigkeit definiert, »Duft oder Geruch durch Stimuli wahrzunehmen, die die olfaktorischen Nerven reizen«.[18] »Olfaktorische Nerven« kann man leicht als die Nerven verstehen, die die Riechrezeptoren in der Nase mit dem Gehirn verbinden. Bei der Geruchswahrnehmung sind die Reize kleine Moleküle, die in der Luft gelöst sind. An unserem menschlichen Geruchssinn sind diejenigen Zellen in der Nase beteiligt, die in der Luft schwebende chemische Stoffe empfangen, und außerdem unser Gehirn, das diese Information verarbeitet, damit wir auf die unterschiedlichen Gerüche reagieren können. Wenn Sie beispielsweise am einen Ende eines Raums eine Flasche Chanel N° 5 öffnen, dann riechen Sie es auf der anderen Seite, weil bestimmte Duftstoffe aus dem Parfüm entweichen und sich im Raum verteilen. Die Moleküle sind dann nur in sehr geringen Mengen vorhanden, doch damit der neue Duft wahrnehmbar wird, reicht es, dass sich ein einziges Molekül an einen einzigen Rezeptor bindet.

Die Ausstattung unseres Körpers für die Wahrnehmung von Gerüchen unterscheidet sich von der, die wir für den Empfang von Lichtreizen haben. Wie wir im letzten Kapitel gesehen haben, brauchen wir nur vier Klassen von Photorezeptoren, die zwischen Rot, Grün, Blau und Weiß unterscheiden, um die ganze Palette an Farben zu sehen. Beim Geruchssinn besitzen wir jedoch Hunderte unterschiedlicher Rezeptortypen, von denen jeder für eine spezifische flüchtige chemische Substanz bestimmt ist.

Die Verbindung eines Riechrezeptors in der Nase mit einer chemischen Substanz funktioniert nach dem Schlüssel-Schloss-Prinzip. Jeder Stoff hat seine ganz bestimmte, individuelle Molekülform, die zu einem speziellen Proteinrezeptor passt, genauso wie jeder Schlüssel einen individuellen Bart hat, der in ein bestimmtes Schloss passt. Nur die eine passende chemische Substanz kann an den passenden Rezeptor binden. Wenn das geschieht, wird eine Kaskade von Signalen ausgelöst, die damit endet, dass ein Neuron im Gehirn feuert, um uns wissen zu lassen, dass der Rezeptor stimuliert wurde. Das interpretieren wir dann als einen bestimmten Geruch. Wissenschaftler haben Hunderte von elementaren Aromastoffen registriert, wie etwa Menthol (die Hauptkomponente im Duft von Pfefferminze) und Putrescin (das für den Fäulnisgeruch verantwortlich ist, den Aas verströmt). Aber wenn wir ein bestimmtes Aroma riechen, dann meist als Ergebnis einer Mischung von mehreren Substanzen. Beispielsweise verursacht Menthol nur rund die Hälfte des Pfefferminzduftes, der Rest stammt aus einer Kombination von über 30 weiteren Substanzen. Aus diesem Grund können wir das Bouquet einer hervorragenden Spaghettisoße oder eines tiefroten Weins oder den Duft eines neugeborenen Babys auf so vielerlei Weise beschreiben.

Was aber geschieht in einer Pflanze? Die Wörterbuch-Definition schließt Pflanzen aus der Diskussion aus. Sie haben in unserer traditionellen Auffassung vom Geruchssinn keinen Platz, weil sie kein Nervensystem besitzen, und die Geruchswahrnehmung einer Pflanze findet offenkundig ohne Nase statt. Aber wir wollen die Definition hier ein wenig dehnen und sagen, Riechen sei »die Fähigkeit, Duft oder Geruch durch Stimuli wahrzunehmen«. Welche Gerüche nimmt eine Pflanze dann wahr, und wie beeinflussen diese ihr Verhalten?

UNGEKLÄRTE PHÄNOMENE

Meine Großmutter hat weder Pflanzenbiologie noch Landwirtschaft studiert und noch nicht einmal die höhere Schule abgeschlossen. Aber sie wusste, dass sie eine harte Avocado weich bekam, wenn sie sie zusammen mit einer reifen Banane in eine braune Papiertüte steckte. Diesen Zaubertrick hatte sie von ihrer Mutter gelernt, die ihn von ihrer Mutter hatte, usw. Diese Praxis reicht zurück bis in die Antike. Die Kulturen des Altertums hatten mehrere Methoden, Früchte zum Reifen zu bringen. Die alten Ägypter schlitzten ein paar Feigen auf, um die Früchte eines ganzen Baumes reifen zu lassen, und im alten China verbrannten die Leute rituelles Räucherwerk in Vorratsräumen, damit die gelagerten Birnen reiften.

Zu Beginn des 20. Jahrhunderts ließen Bauern in Florida Zitrusfrüchte in Schuppen reifen, die mit Kerosin geheizt wurden. Sie waren sich sicher, dass die Wärme die Reifung erzeugte, und das klingt ja auch plausibel. Doch dann steckten sie in der Nähe der Zitrusfrüchte ein paar elektrische Heizöfen ein und mussten entsetzt feststellen, dass die Früchte so unreif blieben, wie sie waren. Wenn es also nicht die Wärme war, bewirkte dann womöglich das Kerosin den Reifungszauber?

Das war tatsächlich der Fall, wie sich später herausstellte. Im Jahr 1924 bewies Frank E. Denny, ein Wissenschaftler vom US-Landwirtschaftsministerium in Los Angeles, dass Kerosinrauch winzige Mengen eines Moleküls namens Ethylen (oder Ethen) enthält und dass die Behandlung jeder beliebigen Art von Früchten mit reinem Ethylengas genügt, um die Reife einzuleiten.[19] Die Zitronen, die er untersuchte, waren so empfindlich dafür, dass sie schon auf eine winzige Beimischung davon in der Luft (nämlich im Verhältnis von 1 zu 100 Millionen) reagieren konnten. Es zeigte sich, dass auch der Rauch von chinesischem Räucherwerk Ethylen enthielt. Ein vereinfachtes wissenschaftliches Modell würde daher so aussehen, dass die Frucht die winzigen Mengen von Ethylen im Rauch »riecht« und diesen Geruch in eine schnelle Reifung »übersetzt«. Wir riechen den Rauch vom Grillfest der Nachbarn, und das Wasser läuft uns im Mund zusammen; eine Pflanze nimmt Ethylen in der Luft wahr und wird weich.

Aber diese Erklärung lässt mehrere Fragen offen: Erstens, warum reagieren die Pflanzen überhaupt auf das Ethylen im Rauch? Und zweitens, was hat es mit der Technik meiner Großmutter auf sich, zwei Arten von Früchten zusammen in eine Tüte zu stecken? Und was mit der Sitte der Ägypter, ihre Feigen anzuritzen? Versuche, die Richard Gane in den 1930er-Jahren in Cambridge machte, deuten auf eine Antwort hin. Gane analysierte die Luft, die reifende Äpfel unmittelbar umgab, und zeigte, dass sie Ethylen enthielt.[20] Ein Jahr nach seiner Pionierleistung stellte eine Gruppe am Boyce Thompson Institute an der Cornell University die These auf, Ethylen sei das universelle Pflanzenhormon, das für die Reifung der Früchte zuständig ist. Bei zahlreichen Folgestudien hat sich auch tatsächlich herausgestellt, dass alle Früchte einschließlich der Feigen diese organische Verbindung abgeben. Also enthält nicht nur Rauch Ethylen, sondern es geben auch ganz normale Früchte dieses Gas ab. Wenn die

Ägypter ihre Feigen anritzten, dann erleichterten sie es damit dem Ethylen, zu entweichen. Stecken wir eine reife Banane beispielsweise mit einer harten Birne zusammen in eine Tüte, dann gibt die Banane Ethylen ab; das »riecht« die Birne und wird ebenfalls zügig reif. Die beiden Früchte teilen einander gleichsam ihren jeweiligen Zustand mit.

Etyhlensignale zwischen Früchten haben sich natürlich nicht entwickelt, damit wir vollreife Birnen schmausen können, sooft uns danach gelüstet. Vielmehr hat sich das Ethylen als hormoneller Regulator für die Reaktion von Pflanzen auf Umweltstress wie etwa Trockenheit oder Verletzung herausgebildet. Es wird von Natur aus über den gesamten Lebenszyklus einer Pflanze hinweg produziert (selbst bei kleinen Moosen). Aber eine besonders wichtige Rolle spielt Ethylen bei der Pflanzenalterung, denn es ist der Hauptregulator für die Blattseneszenz (den Alterungsprozess, der die Blattfärbung im Herbst verursacht) und wird in verschwenderischer Fülle in reifenden Früchten produziert. Das Ethylen, das reifende Äpfel erzeugen, gewährleistet nicht nur, dass die ganze Frucht gleichmäßig reift, sondern auch, dass die benachbarten Äpfel ebenfalls reifen, die dann sogar noch mehr Ethylen abgeben, was zu einer regelrechten durch Ethylen bedingten Reifungskaskade führt, etwa bei McIntosh-Äpfeln. Aus einem ökologischen Blickwinkel hat das den Vorteil, dass die Samenverbreitung sichergestellt wird. Tiere fühlen sich zu Früchten hingezogen, die durch Reife zum Genuss einladen wie Pfirsiche und Beeren. Durch Wellen von Ethylensignalen wird ihnen ein reichhaltiges Angebot an weichen Früchten signalisiert – wofür sie dann im Verlauf ihres täglichen Lebens die Samen verbreiten.

NAHRUNGSSUCHE

Cuscuta pentagona ist keine normale Pflanze. Sie ist eine dünne, orangefarbene Kletterpflanze, die bis zu einem knappen Meter hoch werden kann, winzige weiße Blüten mit fünf Blütenblättern hervorbringt und in ganz Nordamerika zu finden ist. Das Einzigartige an *Cuscuta* ist, dass sie keine Blätter hat und nicht grün ist, weil ihr das Chlorophyll fehlt. Das ist der Farbstoff, der für die Photosynthese notwendig ist, also die Aufnahme von Sonnenenergie, mit der die Pflanzen Kohlendioxid und Wasser in Zucker und Sauerstoff verwandeln. Im Gegensatz zu den meisten Pflanzen kann *Cuscuta* offenkundig keine Photosynthese vollziehen, sich also nicht mithilfe von Licht ernähren. Dennoch gedeiht sie prächtig. *Cuscuta* lebt auf ganz andere Weise: Sie

(5) Cuscuta pentagona.

holt sich ihre Nahrung von den Nachbarn. Sie ist ein Parasit. Um leben zu können, heftet sich *Cuscuta* an eine Wirtspflanze und saugt ihr die Nährstoffe aus, die sie ihr bietet. Dazu bohrt sie ein Saugorgan in das Gefäßsystem der Pflanze. Es überrascht daher nicht, dass *Cuscuta*, die unter dem Gattungsnamen Seide oder auch Teufelszwirn bekannt ist, in der Landwirtschaft als Plage gilt und vom US-Landwirtschaftsministerium sogar als schädliche Pflanze klassifiziert wurde. Geradezu faszinierend ist an *Cuscuta* jedoch, dass sie kulinarische Präferenzen hat: Sie wählt sorgfältig aus, welche Nachbarn sie attackiert.

Ehe wir erläutern, aus welchen Gründen *Cuscuta* so spezifische und ausgeklügelte Geschmacksvorlieben hat, wollen wir uns anschauen, wie sie ihr Parasitenleben beginnt. *Cuscuta*-Samen keimen wie jeder andere Pflanzensamen auch. Wenn sie auf der Erde liegen, brechen die Samenkapseln auf, der neue Keimling wächst nach oben, und die neue Wurzel gräbt sich in den Boden. Aber ein kleiner Teufelszwirn, der allein dasteht, stirbt, wenn er nicht schnell einen Wirt findet, von dem er leben kann. Wenn ein Teufelszwirn-Keimling wächst, bewegt er gleichzeitig seine Spitze in kleinen Kreisen und streckt sie tastend in die Umgebung – ähnlich wie wir es mit den Händen tun, wenn unsere Augen verbunden sind oder wir mitten in der Nacht den Lichtschalter in der Küche suchen. Diese Bewegungen wirken zunächst ziellos, aber wenn der Teufelszwirn in der Nähe einer anderen Pflanze ist (sagen wir, einer Tomate), dann biegt und dreht sich die *Cuscuta* bald in die Richtung der Nahrung verheißenden Tomatenpflanze und wächst schließlich auch dorthin. Das geht so lange, bis ein Tomatenblatt gefunden ist. Aber statt das Blatt zu berühren, lässt sich der Keimling zur Erde sinken und bewegt sich weiter, bis er den Stängel der Tomatenpflanze gefunden hat. Dann hat er sein Ziel erreicht, wickelt sich um den Stängel und schiebt winzige Saugorgane namens Haustorien in den Siebteil des Leitbündels der Tomate (das sind die Gefäße, die die zuckerhaltigen Säfte der Pflanze transportieren). Nun beginnt *Cuscuta*, Zucker herauszusaugen, damit sie weiterwachsen und später auch blühen kann. Und je mehr der Teufelszwirn gedeiht, umso stärker beginnt die Tomatenpflanze zu welken.

Consuelo De Moraes hat dieses Verhalten in einem Film dokumentiert.* Sie ist Insektenkundlerin an der Penn State University, und ihr Hauptinteresse ist, Signale in Form flüchtiger chemischer Substanzen zwischen Insekten und Pflanzen und auch zwischen den Pflanzen selbst zu verstehen. In einem ihrer Projekte wollte sie herausfinden, wie *Cuscuta* ihre Opfer lokalisiert.[21] Sie konnte zeigen, dass Teufelszwirn nie auf leere oder mit künstlichen Pflanzen bestückte Töpfe zuwächst, sondern verlässlich auf Tomatenpflanzen zukriecht, ganz gleich, wo sie diese hinstellte – ans Licht, in den Schatten, wo auch immer. De Moraes kam zu dem Schluss, dass Teufelszwirn die Tomate ganz einfach *roch*. Um diese These zu prüfen, stellten sie und ihre Studenten den Teufelszwirn in einem Topf in einen geschlossenen Behälter und die Tomate in einen zweiten geschlossenen Behälter. Dann wurden die beiden durch ein Rohr miteinander verbunden, das seitlich in den Behälter mit dem

* Um das angemessen zu würdigen, müssen Sie es im Grunde mit eigenen Augen sehen: www.youtube.com/watch?v=NDMXvwa0D9E.

Teufelszwirn hineinreichte, sodass ein freier Luftaustausch möglich war. Der isolierte Teufelszwirn wuchs stets auf das Rohr zu, was darauf hindeutete, dass die Tomatenpflanze einen Geruch abgab, der durch das Rohr in den Behälter des Teufelszwirns zog und für diesen attraktiv war.

Falls sich die *Cuscuta* tatsächlich auf den Geruch der Tomate zubewegte, konnte De Moraes vielleicht einfach ein Tomatenparfüm herstellen und sehen, ob der Teufelszwirn darauf zuwuchs. Sie machte aus dem Extrakt von Stängeln ein *Eau de Tomate*, träufelte es auf Wattebäusche, steckte sie auf Stäbchen und diese dann in Töpfe neben dem Teufelszwirn. Zur Kontrolle träufelte sie einige der Lösungsmittel, die sie zur Gewinnung des Tomatenparfüms benutzt hatte, auf andere Wattebäusche, die sie ebenfalls auf Stäbchen steckte und neben der *Cuscuta* platzierte. Wie vorhergesagt, konnte sie die Pflanze dazu bringen, auf die Watte mit dem Tomatengeruch zuzuwachsen. Die Wattebäusche mit den Lösungsmitteln blieben unbeachtet.

Ein Teufelszwirn kann also offenkundig eine Pflanze riechen, um zu seiner Nahrung zu finden. Aber wie bereits erwähnt, hat dieser Schädling seine Vorlieben. Wenn er die Wahl zwischen einer Tomate und Weizen hat, wählt er die Tomate. Wenn man eine *Cuscuta* an einer Stelle wachsen lässt, die gleich weit von zwei Töpfen entfernt ist – einem mit Weizen und einem mit Tomaten –, dann kriecht sie zu den Tomaten. Und selbst wenn es allein um den Duft geht und gar nicht um die ganze Pflanze, zieht *Cuscuta* das *Eau de Tomate* einem Weizenparfüm vor.

Die chemische Grundlage der Duftwässer aus Tomate und Weizen ist ziemlich ähnlich. Beide enthalten die flüchtige Verbindung beta-Myrcen (einen von Hunderten bekannter elementarer chemischer Düfte), die für sich allein *Cuscuta* veranlassen kann, ihr entgegenzuwachsen. Warum dann die Präferenz? Ein klarer Pluspunkt ist die Komplexität des Bouquets. Außer beta-Myrcen sondert die Tomate noch zwei weitere flüchtige chemische Stoffe ab, zu denen sich der Teufelszwirn hingezogen fühlt, sodass ein für die *Cuscuta* alles in allem unwiderstehlicher Duft entsteht. Weizen hingegen enthält nur einen einzigen für die *Cuscuta* attraktiven Duft, nämlich das beta-Myrcen. Weizen erzeugt zudem nicht nur eine geringere Anzahl anziehender Substanzen, sondern auch (Z)-3-Hexenylacetat, das *Cuscuta* stärker abstößt, als beta-Myrcen sie anzieht. Tatsächlich wächst die Pflanze sogar von (Z)-3-Hexenylacetat *weg*, findet den Weizen also insgesamt abstoßend.

BLÄTTER MIT RIECHER

Im Jahr 1983 veröffentlichten zwei Wissenschaftlerteams erstaunliche Erkenntnisse über die Kommunikation zwischen Pflanzen, die unser Denken über Pflanzen generell, von der Weide bis zur Limabohne, revolutionierten. Die Wissenschaftler behaupteten, Bäume würden einander vor drohenden Angriffen Blätter fressender Insekten warnen. Die Ergebnisse waren eindeutig, die Implikationen umwerfend. Die Kunde von der Neuentdeckung verbreitete sich auch bald bis in die Populärkultur hinein, wobei die Vorstellung von »sprechenden Bäumen« es nicht nur auf die Seiten von *Science* schaffte, sondern auch in große Zeitungen auf der ganzen Welt.

David Rhoades und Gordon Orians, zwei Wissenschaftler von der University of Washington, hatten bemerkt, dass Mottenraupen sich mit geringerer Wahrscheinlichkeit über die Blätter von Weiden hermachten, wenn es in der Nachbarschaft weitere Weiden gab, die bereits von den Raupen befallen waren. Die gesunden Bäume nebenan waren gegen die Raupen resistent, weil – wie Rhoades entdeckte – ihre Blätter im Gegensatz zu denen der attackierten Nachbarn phenol- und tanninhaltige Stoffe enthielten, die den Raupen den Appetit verdarben.[22] Da die Wissenschaftler keine physischen Verbindungen zwischen den beschädigten Bäumen und ihren gesunden Nachbarn fanden – sie hatten keine gemeinsamen Wurzeln, und ihre Zweige berührten sich nicht – kam Rhoades zu der Auffassung, dass die angegriffenen Bäume mithilfe von Pheromonen den gesunden Bäumen Botschaften durch die Luft schicken müssen. Auf diese Weise

(6) Silberweide *(Salix alba).*

signalisierten die befallenen Bäume ihren gesunden Nachbarn: »Achtung! Verteidigt euch!«

Nur drei Monate später veröffentlichten die Forscher Ian Baldwin und Jack Schultz aus Dartmouth einen bahnbrechenden Aufsatz, der den Bericht von Rhoades stützte.[23] Baldwin und Schultz hatten mit Rhoades in Verbindung gestanden und ihren Versuch so angelegt, dass er unter streng kontrollierten Bedingungen stattfand. Sie wollten also nicht wie Rhoades und Orians Bäume beobachten, die in der freien Natur wuchsen. Gegenstand ihrer Untersuchung waren etwa dreißig Zentimeter hohe Keimlinge von Pappeln und Zuckerahorn, die in luftdichten Kammern aus Plexiglas heranwuchsen. Für ihren Versuch nahmen sie zwei Kammern. Die erste enthielt zwei Populationen von Bäumen: 15, bei denen je zwei Blätter mittendurch gerissen waren, und 15 unversehrte. Die zweite Kammer enthielt Kontrollbäume, die alle unversehrt waren. Zwei Tage später enthielten die übrigen Blätter der verletzten Bäume höhere Konzentrationen mehrerer chemischer Stoffe, darunter toxische Phenol- und Tanninverbindungen, von denen bekannt ist, dass sie das Wachstum von Raupen hemmen. Die Bäume in der Kontrollkammer erhöhten keine dieser Verbindungen. Das wichtigste Ergebnis war jedoch, dass die Blätter der *unversehrten* Bäume, die in derselben Kammer wuchsen wie die beschädigten, ebenfalls erheblich vermehrte Phenol- und Tanninverbindungen aufwiesen. Baldwin und Schultz zogen daraus den Schluss, dass durch Zerreißen oder durch Raupenfraß verletzte Blätter ein gasförmiges Signal abgaben, das den beschädigten Bäumen ermöglichte, sich den unbeschädigten mitzuteilen. Das führte dazu, dass Letztere

(7) Silber- oder Weißpappel *(Populus alba).*

sich gegen einen unmittelbar drohenden Raupenangriff wehrten.

Diese frühen Berichte über Signale zwischen Pflanzen wurden von anderen Wissenschaftlern vielfach abgewertet: Es mangele ihnen an geeigneten Kontrollen, oder die Ergebnisse seien zwar korrekt, aber ihre Auswirkungen übertrieben dargestellt.[24] Gleichzeitig griffen die Tageszeitungen die Idee von den »sprechenden Bäumen« begeistert auf und vermenschlichten nach Kräften die Ergebnisse der Wissenschaftler.[25] Ob die *Los Angeles Times*, der *Windsor Star* in Kanada oder *The Age* in Australien – die Nachrichtenblätter überschlugen sich fast angesichts der sensationellen Entdeckung. Auf der Titelseite der *Sarasota Herald-Tribune* prangte die Schlagzeile: »Bäume sprechen und antworten einander, glauben Wissenschaftler«. Die *New York Times* widmete dem Thema am 7. Juni 1983 gar ihren Leitartikel.

Im Laufe der letzten zehn Jahre wurde das Phänomen der pflanzlichen Kommunikation mittels Geruch wieder und wieder nachgewiesen, und zwar für eine große Anzahl von Pflanzen, wie etwa Gerste, Beifuß und Erlen. Baldwin, der bei der ursprünglichen Veröffentlichung seiner Entdeckung noch ein junger Chemiker frisch vom College war, hat inzwischen eine herausragende wissenschaftliche Karriere gemacht.*

Obwohl das Phänomen, dass Pflanzen von ihren Nachbarn mittels durch die Luft transportierter chemischer Signale beeinflusst werden, inzwischen als wissenschaftlich akzeptierte Tatsache gilt, bleibt die Frage: Kommunizieren Pflanzen im echten Sinne miteinander? Warnen sie einander zielgerichtet vor einer drohenden Gefahr? Oder belauschen die gesunden Pflanzen einfach einen Monolog der befallenen, der gar nicht darauf gerichtet ist, gehört zu werden? Wenn also eine Pflanze einen Duft an die Luft abgibt, ist das dann eine Art von Sprache, oder hat sie sozusagen nur Blähungen? Die Idee, dass eine Pflanze um Hilfe ruft oder ihre Nachbarn warnt, besitzt ja durchaus allegorischen und anthropomorphen Charme – aber spiegelt sie auch tatsächlich den ursprünglichen Zweck des Signals wider?

Martin Heil und sein Team am Center for Research and Advanced Studies in Irapuato in Mexiko haben in den letzten Jahren wild wachsende Limabohnen *(Phaseolus lunatus)* erforscht, um dieser Frage weiter nachzugehen.[26] Heil wusste, dass eine Limabohne, an der Käfer fressen, auf zweifache

* Prof. Dr. Ian Baldwin leitet derzeit die Abteilung für molekulare Ökologie am Max-Planck-Institut für chemische Ökologie in Jena.

Weise reagiert. Die Blätter, die von den Insekten gefressen werden, geben eine Mischung von flüchtigen chemischen Substanzen an die Luft ab, und die Blüten (die gar nicht direkt von den Käfern attackiert werden) produzieren einen Nektar, der Käfer vertilgende Gliederfüßer anzieht.* Zu Beginn seiner Berufslaufbahn hatte Heil ebenfalls am Max-Planck-Institut für chemische Ökologie in Jena gearbeitet, an dem Baldwin Direktor war (und noch ist), und wie dieser fragte sich auch Heil, warum Limabohnen diese Stoffe absondern.

Heil und seine Kollegen platzierten Pflanzen, die von Käfern attackiert worden waren, neben Pflanzen, die man gegen die Käfer abgeschirmt hatte, und kontrollierten die Luft rund um die verschiedenen Blätter. Dafür zogen sie insgesamt vier Blätter von drei verschiedenen Pflanzen heran: Von einer Pflanze, die von den Käfern angegriffen worden war, wählten sie je ein angefressenes und ein intaktes Blatt, eines von einer gesunden und nicht befallenen Nachbarpflanze sowie ein Blatt von einer Pflanze, die von jedem Kontakt mit Käfern und befallenen Pflanzen abgeschirmt worden war. Dann identifizierten sie die flüchtigen Stoffe in der Luft um jedes dieser Blätter.

Heil fand heraus, dass die Luft um die angefressenen und die gesunden Blätter derselben Pflanze im Wesentlichen dieselben flüchtigen Substanzen enthielt, während die Luft um

* Viele Insekten vertilgende Gliederfüßer haben sich zusammen mit Pflanzen entwickelt und erkennen die flüchtigen Signale, die die von Schädlingen befallenen Pflanzen aussenden. Sie selbst nutzen diese dann als Hinweise auf Nahrung.

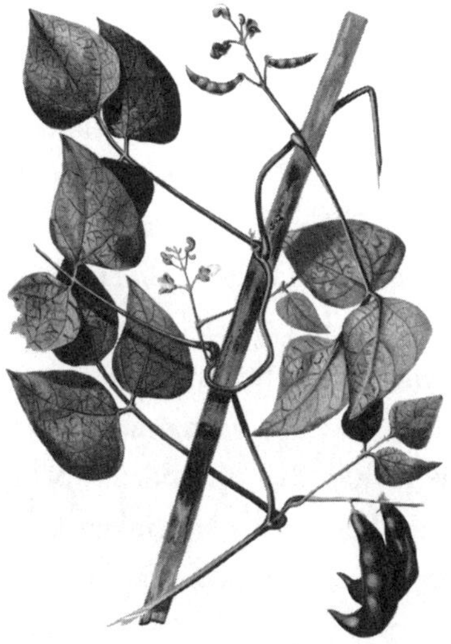

(8) Wilde Lima- oder Mondbohnen *(Phaseolus lunatus)*.

das Kontrollblatt von diesen Gasen frei war. Außerdem enthielt die Luft rund um die gesunden Blätter der Limabohnen, die neben von Käfern befallenen Pflanzen standen, dieselben flüchtigen Stoffe wie die, die man bei den angefressenen Pflanzen gefunden hatte. Diese gesunden Pflanzen wurden dann auch mit geringerer Wahrscheinlichkeit von Käfern gefressen.

Mit dieser Versuchsanordnung konnte der Wissenschaftler Martin Heil frühere Untersuchungen bestätigen, weil er zeigte, dass die Nähe zu den attackierten Blättern den unbeschädigten einen Vorteil bei der Verteidigung gegen die Insekten brachte. Aber Heil war nicht davon überzeugt, dass die angefressenen Blätter zu anderen Pflanzen »sprechen«, um sie vor dem drohenden Angriff zu warnen. Vielmehr postulierte er, dass die Nachbarpflanzen eher mit einer Art von olfaktorischem Lauschangriff ein internes Signal abfingen, das in Wirklichkeit für andere Blätter derselben Pflanze bestimmt war.

Um seine Hypothese zu testen, modifizierte Heil seine Versuchsanordnung in einer einfachen, aber raffinierten Weise. Er stellte die beiden Pflanzen nebeneinander, umschloss aber die attackierten Blätter 24 Stunden lang mit Plastiktüten. Als er die gleichen vier Typen von Blättern wie im ersten Experiment überprüfte, erhielt er nun andere Resultate. Das befallene Blatt gab weiterhin dieselben chemischen Stoffe ab wie vorher, aber die anderen Blätter an derselben Ranke und an benachbarten Ranken ähnelten jetzt der Kontrollpflanze: Die Luft um die Blätter war rein.

Heil und sein Team öffneten die Tüte um das befallene Blatt und bliesen die Luft mithilfe eines kleinen Ventilators in eine von zwei möglichen Richtungen: entweder zu den Nachbarblättern weiter oben an der Ranke oder von der Ranke weg ins Freie. Sie überprüften die Gase, die von den Blättern weiter oben am Stängel ausgeschieden wurden, und maßen, wie viel Nektar sie produzierten. Die Blätter, die mit Luft von dem attackierten Blatt angepustet wurden, begannen bald selbst die gleichen Gase abzusondern und produzierten auch Nektar, während die Blätter, die nicht der Luft des angegriffenen Blattes ausgesetzt wurden, gleich blieben.

Die Ergebnisse waren bedeutsam, weil sie offenbarten, dass die Gase, die von einem attackierten Blatt ausgeschieden werden, für dieselbe Pflanze nötig sind, damit sie *ihre restlichen Blätter* vor künftigen Angriffen schützen kann. Anders gesagt, warnt ein Blatt, wenn es von Insekten oder Bakterien angegriffen wird, seine »Geschwister«, damit sie sich gegen die drohende Gefahr wappnen können, ähnlich

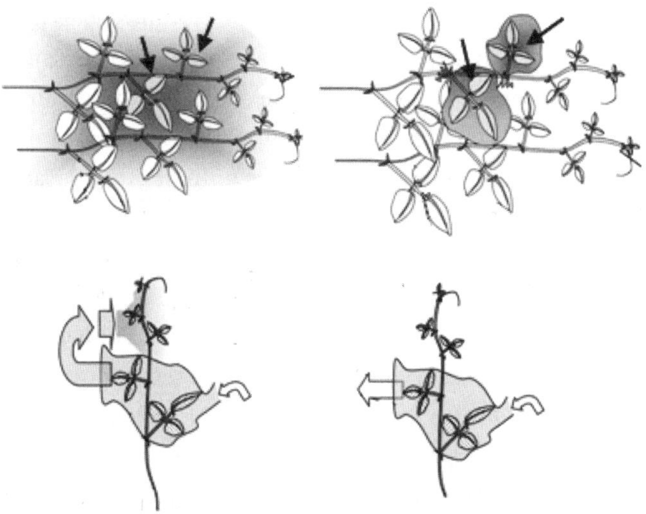

(9) Heils Experimente. Auf den beiden oberen Zeichnungen ließ Heil Käfer die grau getönten Blätter attackieren und überprüfte dann die Luft rings um andere Blätter sowohl derselben Pflanze wie auch der Nachbarpflanze. Oben links sehen wir, dass die Luft um alle Blätter an beiden Pflanzen herum dieselben chemischen Stoffe enthält. Oben rechts, wo die angegriffenen Blätter mit Plastiktüten isoliert wurden, unterschied sich ihre Luft von denen der übrigen Blätter an beiden Ranken. Unten sehen wir Heils zweiten Versuch. Er blies Luft von den befallenen Blättern entweder zu anderen Blättern derselben Pflanze (links) oder von den anderen Blättern weg (unten rechts).

wie auf den Wachtürmen der Chinesischen Mauer Feuer entzündet wurden, um vor einem herannahenden Feind zu warnen. Auf diese Weise gewährleistet eine Pflanze ihr eigenes Überleben, da Blätter, die die Gase der angegriffenen Blätter »gerochen« haben, selbst widerstandsfähiger gegen den drohenden Überfall werden.

Wie steht es nun um die Nachbarpflanze? Wenn sie nah

genug an der attackierten ist, dann zieht sie Nutzen aus dem internen »Gespräch« zwischen den Blättern der anderen. Die Nachbarpflanze belauscht eine in der Nähe geführte olfaktorische Unterhaltung, die ihr sehr wichtige Informationen gibt, um sich selbst zu schützen. In der freien Natur reicht dieses Geruchssignal mindestens einige Meter weit (unterschiedliche flüchtige Verbindungen verbreiten sich, je nach ihren chemischen Eigenschaften, über kürzere oder auch wesentlich längere Distanzen). Bei Limabohnen, die von Haus aus gerne dicht beieinander wachsen, genügt diese Reichweite, um sicherzustellen, dass die Nachbarn es erfahren, wenn eine Pflanze in Not gerät.

Was genau riechen die Limabohnen, wenn ihr Nachbar angefressen wird? *Eau de Lima* ist, genau wie das *Eau de Tomate*, das bei dem Versuch mit dem Teufelszwirn beschrieben wurde, eine komplexe Mischung von Aromen. Im Jahr 2009 arbeitete Heil mit Kollegen aus Südkorea zusammen und analysierte die verschiedenen flüchtigen Verbindungen, die die befallenen Blätter ausschieden, weil er den chemischen Botenstoff identifizieren wollte.[27] Ziel war es, den einen chemischen Stoff herauszufinden, der für die offenkundige Kommunikation mit anderen Blättern verantwortlich war. Dazu verglich man die chemischen Verbindungen, die die Blätter nach einer Infektion mit Bakterien abgaben, mit denen nach einer Fressattacke von Insekten. In beiden Fällen wurden ähnliche flüchtige Gase ausgeschieden, aber zwei Gase unterschieden sich. Die Blätter, die von Bakterien angegriffen wurden, emittierten ein Gas namens Methylsalicylat, die von Käfern befallenen Blätter jedoch nicht. Diese produzierten ein Gas namens Methyljasmonat.

Methylsalicylat weist strukturell eine große Ähnlichkeit mit Salicylsäure auf. Salicylsäure ist in großen Mengen in der Rinde von Weiden zu finden. Der griechische Arzt Hippokrates beschrieb schon im Altertum eine bittere Substanz aus Weidenrinde, die Schmerzen lindern und Fieber senken konnte – Salicylsäure, wie wir heute wissen. Auch andere alte Kulturen im Nahen Osten nutzten Weidenrinde als Medizin, ebenso amerikanische Indianer. Heute, einige hundert Jahre später, wissen wir, dass Salicylsäure der chemische Vorläufer des in Aspirin enthaltenen Wirkstoffes ist (der Acetylsalicylsäure). Salicylsäure selbst ist ein Hauptbestandteil vieler moderner Waschcremes gegen Akne.

Nun ist zwar die Weide als Produzentin von Salicylsäure bekannt, doch tatsächlich stellen – in unterschiedlichen Mengen – alle Pflanzen diesen Stoff her. Außerdem produzieren sie Methylsalicylat (das übrigens ein wichtiger Bestandteil der Bengay-Salbe ist). Aber warum sollte eine Pflanze eine auf Menschen schmerzlindernd und fiebersenkend wirkende Substanz erzeugen? Natürlich wird die Salicylsäure genauso wenig zu *unserem* Nutzen erzeugt wie alle anderen phytochemischen (von Pflanzen erzeugten) Stoffe. Für die Pflanzen ist Salicylsäure ein »Verteidigungshormon«, das ihr Immunsystem aufrüstet. Pflanzen produzieren sie, wenn sie von Bakterien oder Viren angegriffen wurden. Salicylsäure ist wasserlöslich und wird genau an der infizierten Stelle abgegeben, um der übrigen Pflanze durch die Leitbündel zu signalisieren, dass Bakterien im Anmarsch sind. Die gesunden Teile der Pflanzen reagieren darauf und leiten mehrere Schritte ein, die die Bakterien entweder töten oder zumindest ihre Ausbreitung eindämmen. Dazu gehört etwa, dass eine Barriere aus abgestorbenen Zellen um die infizierte Stelle errichtet wird, die das Weiterwandern der Bakterien zu anderen Teilen der Pflanze blockiert. Manchmal können Sie solche Barrieren auf Blättern sehen: Sie erscheinen als weiße Flecken. Diese Flecken sind Blattbereiche, in denen Zellen buchstäblich Selbstmord begangen haben, damit die Bakterien in ihrer Nähe sich nicht mehr weiter verbreiten können.

Im Großen und Ganzen dient Salicylsäure bei Pflanzen und Menschen ähnlichen Zwecken. Pflanzen nutzen sie dazu, Infektionen abzuwehren (also Krankheiten). Die Menschen wenden Salicylsäure seit der Antike an und verwenden das moderne Derivat Acetylsalicylsäure, wenn sie eine Infektion mit Schmerzen haben.

Zurück zu Heils Versuchen: Seine Limabohnen gaben nach einem Bakterienangriff Methylsalicylat ab, eine flüchtige Form von Salicylsäure. Diese Ergebnisse bestätigten Forschungen, die zehn Jahre früher Ilya Raskin im Labor an der Rutgers University durchgeführt hatte. Er hatte gezeigt, dass Methylsalicylat die wichtigste flüchtige Verbindung ist, die Tabak nach einer Infektion mit Viren produzierte.[28] Pflanzen können lösliche Salicylsäure in flüchtiges Methylsalicylat umwandeln und umgekehrt.[29] Den Unterschied zwischen den beiden Stoffen kann man so beschreiben: Pflanzen *schmecken* die Salicylsäure und *riechen* Methylsalicylat. Geschmack und Geruch hängen ja eng miteinander zusammen. Der Hauptunterschied bei uns Menschen ist, dass wir lösliche Moleküle auf der Zunge *schmecken*, während wir flüchtige Moleküle mit der Nase *riechen*.

Als Heil die infizierten Blätter in Plastiktüten verschloss, hatte er das Methylsalicylat daran gehindert, zu den gesunden Blättern sowohl derselben Pflanze als auch der Nachbarpflanze zu ziehen. Als das nichtinfizierte Blatt jedoch das Methylsalicylat roch, weil ihm die Luft vom infizierten Blatt zugeblasen wurde, inhalierte es die Gase durch die winzigen Poren auf der Blattoberfläche (die Stomata). War das Methylsalicylat tief im Blatt angekommen, wurde es in Salicylsäure zurückverwandelt, die die Pflanzen anwenden, wenn sie krank sind.*

GERUCH & GEFÜHL

Pflanzen geben buchstäblich ein ganzes Bouquet von Düften ab. Stellen Sie sich vor, wie Rosen duften, wenn Sie im Hochsommer durch einen Garten gehen, frisch gemähtes Gras im Frühsommer oder Jasmin in der Nacht. Und den süßen, etwas strengen Geruch einer braunen Banane, der sich unter die Myriaden von Düften auf einem Bauernmarkt mischt. Ohne hinzuschauen, wissen wir, wann eine Frucht zum Essen reif ist, und niemandem, der einen botanischen Garten besucht, kann der unangenehme Geruch der größten (und am stärksten stinkenden) Blume der Welt entgehen, der *Amorphophallus titanum*, besser bekannt als Titanwurz (die zum Glück nur alle paar Jahre einmal blüht).

* Mit dem Methyljasmonat verhält es sich ganz ähnlich. Methyljasmonat ist eine flüchtige Form von Jasmonsäure, einem Verteidigungshormon, das Pflanzen nach der Verletzung von Blättern durch pflanzenfressende Schädlinge abgeben.

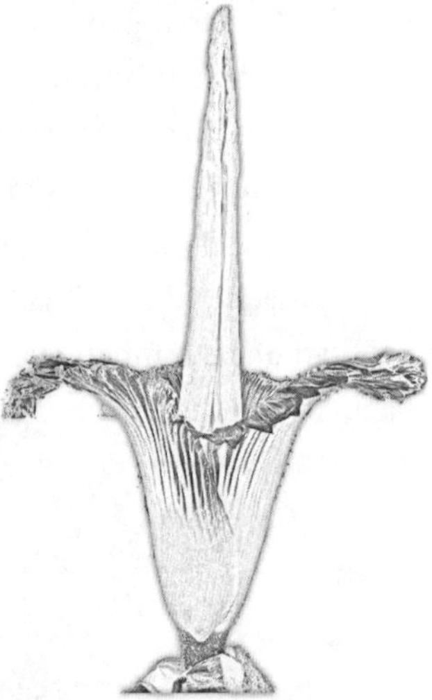

(10) Titanwurz *(Amorphophallus titanum).*

Viele dieser Aromen werden für die komplexe Kommunikation zwischen Pflanzen und Tieren eingesetzt. Die Gerüche verlocken unterschiedliche Bestäuber dazu, Blüten zu besuchen, und viele Samenverteiler dazu, Früchte zu verzehren. Der Autor Michael Pollan meint sogar, diese Düfte bewegten selbst Menschen dazu, Blumen überall in der Welt zu verbreiten. Aber Pflanzen verströmen nicht einfach nur Gerüche; wie wir gesehen haben, riechen sie zweifellos auch andere Pflanzen.[30]

Natürlich nehmen wir Menschen so wie Pflanzen durch die Luft transportierte flüchtige Verbindungen wahr. Aber wir müssen in Erinnerung behalten, dass »Riechen« viel mehr ist als das Erschnuppern von gutem Essen. In unserer Sprache wimmelt es von Ausdrücken, die etwas mit dem Riechen zu tun haben: »Das kann ich doch nicht riechen«, »den kann ich wirklich nicht riechen«, »es riecht nach Ärger« usw. Gerüche hängen auch eng mit dem Gedächtnis und mit Emotionen zusammen. Die Riechrezeptoren in unserer Nase sind direkt mit dem limbischen System (dem Kontrollzentrum für die Gefühle) und dem evolutionsgeschichtlich ältesten Teil unseres Gehirns verbunden. Wie Pflanzen kommunizieren auch wir über Pheromone, obwohl wir uns dessen oft nicht bewusst sind.

Pheromone werden von einem Individuum abgegeben und lösen eine soziale Reaktion bei einem anderen aus. Pheromone signalisieren bei den verschiedensten Tieren, von Fliegen bis zu Pavianen, ganz unterschiedliche Dinge: soziale Dominanz, sexuelle Zugänglichkeit, Angst usw. Auch wir werden von Gerüchen beeinflusst und sondern Gerüche ab, die sich auf unsere Mitmenschen auswirken. Beispielsweise hat man festgestellt, dass die Synchronisierung der Menstruationszyklen bei Frauen, die eng zusammenleben, auf Geruchssignalen im Schweiß beruht. Eine kürzlich in *Science* veröffentlichte (provokante) Untersuchung zeigte, dass Männer, die geruchlose, mit negativen Emotionen verbundene Tränen von Frauen einfach nur schnupperten, niedrigere Testosteronwerte und eine verminderte sexuelle Erregbarkeit aufwiesen.[31] Derart subtile olfaktorische Signale können potenziell viele Aspekte unserer Psyche beeinflussen.

Pflanzen und Tiere nehmen flüchtige Verbindungen in der Luft wahr, aber kann man das bei Pflanzen wirklich als Riechen betrachten? Sie haben keine Riechnerven, die mit einem Gehirn verbunden sind, das die Signale interpretiert, und bis 2011 wurde nur ein einziger Rezeptor für einen volatilen Stoff bei Pflanzen identifiziert, nämlich der Ethylen-Rezeptor. Aber reifende Früchte, *Cuscuta*, Heilpflanzen und andere Pflanzen in der gesamten Natur reagieren auf Pheromone, genau wie wir. Pflanzen erkennen einen flüchtigen chemischen Stoff in der Luft und setzen dieses Signal (wenn auch ohne Nerven und Neuronen) in eine physiologische Reaktion um.

Wenn also Pflanzen auf ihre ganz eigene Weise ohne eine Nase »riechen« können, können sie dann vielleicht auch ohne Zunge »schmecken«?

WAS EINE PFLANZE SCHMECKT

Die meisten Pflanzen schmecken besser,
wenn sie ein wenig leiden mussten.
Diana Kennedy

Wir wissen inzwischen, dass *Cuscuta* ihre Opfer erschnüffelt und zwischen Tomaten, die sie liebt, und Weizen, den sie nicht liebt, unterscheidet; man könnte also sagen, dass die Pflanze Präferenzen hat. Da ich sowohl Tomatensaft als auch Weizengrassaft aus eigener Erfahrung kenne, glaube ich getrost behaupten zu können, dass *Cuscuta* weiß, was gut ist. Aber heißt das tatsächlich schon, dass Teufelszwirn und andere Pflanzen einen *Geschmackssinn* haben?

Werfen wir einen Blick auf unseren eigenen Geschmackssinn, um dahinterzukommen, wie eine Pflanze etwas schmecken könnte. Der menschliche Geschmackssinn ist dem Geruchssinn sehr ähnlich. Flüchtige Stoffe riechen wir, lösliche Stoffe schmecken wir. Beispielsweise riechen wir die Limonene in Zitronenschalen, schmecken aber die Zitronensäure, die eine Zitrone sauer macht. Für uns und alle Säugetiere ist Geschmack die sensorische Wahrnehmung von Aromen, die sich beim Kontakt mit einer Substanz im Mund und im Rachen entfalten. Ganz ähnlich, wie sich in unserer Nase

Geruchsrezeptoren befinden, die flüchtige Moleküle binden und auf sie reagieren, enthält unser Mund Tausende von Geschmacksknospen, die lösliche Moleküle binden und auf sie reagieren. Sie denken vielleicht, dass die winzigen Erhebungen auf Ihrer Zunge Geschmacksknospen seien. Tatsächlich aber heißen diese Erhebungen Papillen, und jede einzelne Papille enthält zahlreiche Geschmacksknospen (wie andere Bereiche unseres Mundes auch). Jede Geschmacksknospe enthält die Rezeptoren für die fünf Hauptgeschmacksrichtungen: salzig, süß, bitter, sauer und umami, und jeder dieser Rezeptoren ist mit einem Geschmacksnerv verbunden, der mit den Geschmackszentren im Gehirn verknüpft ist.

Die Geschmacksrezeptoren in den Geschmacksknospen funktionieren ganz ähnlich wie die Riechrezeptoren in der Nase – nach dem Schlüssel-Schloss-Prinzip. Ein bestimmter gelöster chemischer Stoff bindet an ein spezifisches Protein auf der Außenseite des Rezeptors. So bindet etwa ein Salzrezeptor Natrium, und die Bindung des Natriums an den Rezeptor löst ein elektrisches Signal aus, das sich vom Salzrezeptor über den Geschmacksnerv zu den Geschmackszentren im Gehirn fortpflanzt, die das Signal dann als salzig interpretieren. Weil jede Geschmacksknospe auf zahlreiche Signale gleichzeitig reagieren kann, ist unsere Zunge in der Lage, sehr komplexe Geschmackskombinationen zu entschlüsseln und uns die Geschmackserlebnisse zu bieten, die so viele von uns lieben.

Pflanzen haben offenkundig keinen Mund, unterscheiden aber dennoch zwischen verschiedenen löslichen Stoffen. Wäre eine Pflanze ein Tier, läge ihre »Zunge« in den Wurzeln. Die Wurzeln von Pflanzen sondieren die Erde und nehmen das Wasser und die Mineralstoffe auf, die eine Pflanze für ihre Ernährung, ihr Wachstum und ihre Entwicklung braucht. Die Wurzeln erfassen auch chemische Botschaften, die von benachbarten Wurzeln und Mikroorganismen durch die Erde geschickt werden. Ebenso wie unsere eigene Ernährung davon abhängt, was wir aus der Nahrung herausholen, die wir zu uns nehmen (und die ihre Reise in Form des Essens beginnt, das wir schmecken), sind die Mineralstoffe, die eine Pflanze aus der Erde aufnimmt, wesentliche Komponenten ihrer Ernährung.

Im Gegensatz zu Menschen können Pflanzen die meisten ihrer Nährstoffe selbst herstellen. Während wir dadurch zu unseren Kalorien kommen, dass wir Pflanzen oder von Pflanzen abgeleitete Nahrungsmittel essen und sie in vielen Fällen auch direkt vom Drive-Through-Schalter von Fastfood-Ketten beziehen, haben Pflanzen die einzigartige Fähigkeit, ihre Kalorien selbst zu erzeugen (die wir dann essen). Pflanzen stellen durch Photosynthese Zucker her und brauchen als Bausteine dafür lediglich Kohlendioxid und Wasser, dann verwandeln sie diesen Zucker in komplexe Kohlenhydrate. In Bezug auf die für ihr Leben erforderlichen Mineralstoffe hingegen sind Pflanzen vollständig von äußeren Quellen abhängig. Stickstoff, Phosphor, Kalium, Calcium und Magnesium, außerdem die Mikronährstoffe Eisen, Zink, Bor, Kupfer, Nickel, Molybdän und Mangan sind für die pflanzliche Ernährung unverzichtbar. So kann beispielsweise keine Photosynthese stattfinden, wenn nicht reichlich Magnesium und Mangan vorhanden sind. Magnesium findet sich im Zentralion eines jeden grünen Chlorophyllpigments, so wie Eisen das Zentralion des Hämoglobins in unseren Blutzellen ist. Mangan-Ionen sind entscheidend für jenen kritischen Teil der Photosynthese, den man Wasserspaltung nennt. Bei dieser sehr komplexen Reihe von photochemischen Reaktionen werden zwei Wassermolekülen Elektronen entzogen und dann in die photosynthetischen Proteine geschleust. Die Sonne lädt die Elektronen energetisch auf und erzeugt dabei einen elektrochemischen Gradienten, der ganz ähnlich wie eine Batterie den Chloroplasten buchstäblich mit Energie versorgt. Ein Nebeneffekt der Wasserspaltung ist, dass sich zwei Sauerstoffmoleküle zusammenschließen und O_2 bilden, das als der Sauerstoff an die Luft abgegeben wird, den wir atmen. Mangan bildet die chemische Brücke, die das Elektron aus dem Wasser in die Photosynthese schleust. Ohne Mangan spaltet sich das Wasser nicht und wir haben keinen Sauerstoff zum Atmen. Was eine Pflanze im Boden schmeckt, ist also entscheidend für ihr (und unser) Überleben.

Während menschliche Geschmacksknospen für jede Geschmacksrichtung spezifische Zellen enthalten, geht es bei den Pflanzen weniger arbeitsteilig zu. Pflanzen haben keine eigens auf Magnesium- oder Kaliumwahrnehmung spezialisierten Zellen in den Wurzeln; vielmehr besitzt jede Zelle Rezeptoren für mehrere Mineralien. Beispielsweise binden zwei Arten von Proteinen, die auf der Außenseite einer Zelle sitzen, Stickstoff und transportieren ihn in die Wurzeln. Auch Mangan wird von mindestens zwei verschiedenen Arten von Proteinen wahrgenommen, die sich in den Membranen von Wurzelzellen befinden, und Forscher haben spezifische Proteine identifiziert, die einen jeden der Makro- und

Mikronährstoffe binden. Jede einzelne Zelle enthält also zahlreiche Proteine, die es ihr ermöglichen, verschiedene Mineralien im Boden zu identifizieren und aufzunehmen. Anders als beim Menschen, bei dem Geschmack und Ernährung physisch getrennt sind, ist es bei Pflanzen so, dass die Bindung der Nährstoffe durch die passenden Rezeptoren zugleich ihre Aufnahme und den Transport in die gesamte Pflanze erlaubt, sodass Wahrnehmen des Geschmacks, Weitergabe des Signals (salzig, süß etc.) und Ernährung direkt miteinander verknüpft sind.

Pflanzen regulieren, wie viele Mineralien sie zu einem bestimmten Zeitpunkt aufnehmen. Sind sie beispielsweise gestresst, absorbieren sie mehr von einem Mineral, das ihnen hilft, belastende Bedingungen zu überstehen. So nehmen etwa laut einer kürzlich durchgeführten Studie *Arabidopsis*-Pflanzen mehr Magnesium auf als sonst, wenn ihre Wurzeln merken, dass der Boden relativ sauer geworden ist.[32] Das kommt in der Landwirtschaft häufig vor, weil Düngemittel gerne unsachgemäß eingesetzt werden. Auch ein Nährstoffmangel kann Reaktionen auslösen. So sondern die Wurzeln von *Arabidopsis*-Pflanzen, die man mit einem Eisenmangel heranwachsen ließ, Stoffe wie Cumarin ab.[33] Wissenschaftler glauben, dass dies die Pflanze dadurch schützt, dass das Cumarin potenziell Eisen bindet oder Mikroorganismen in der Nachbarschaft tötet, die das wenige vorhandene Eisen verbrauchen könnten.

Sie können sich darauf verlassen, dass eine Pflanze weiß, was sie tut, wenn sie die Mineralien im Boden wahrnimmt und entscheidet, wie viel eines bestimmten Mineralstoffs sie nach innen durchlässt. Die Wurzeln nehmen Wasser aus der

Erde auf und transportieren es über das Xylem, das Leitgewebe für Wasser, in den Spross und in die Blätter. Die Aufnahme von Nährstoffen aus dem Boden durch die Wurzeln und ihr Transport von einer Zelle zur nächsten unterliegen einer engmaschigen biologischen Kontrolle. Zwar können Mineralien aufgenommen werden und sich zwischen einzelnen Wurzelzellen passiv auflösen, aber die Wurzeln regulieren streng, welche Mineralien in das Wasserleitungssystem des Xylems gelangen.

Um zu verstehen, wie die Wurzeln diesen Prozess regulieren, müssen wir ein wenig über den Aufbau der Wurzeln Bescheid wissen. Wenn Sie eine Karotte quer in mundgerechte Scheiben schneiden, sehen Sie in der Mitte der Scheibe einen Kreis, den sogenannten Leitzylinder. Er enthält zahlreiche Xylem-Röhren, die Wasser von den Wurzeln in die Blätter transportieren, und auch Phloem-Röhren, die Zucker in der Gegenrichtung von den Blättern in die Wurzeln transportieren. (Als schnelles Experiment können Sie eine Karotte in ihre verschiedenen Teile zerlegen und probieren, welche am süßesten sind. Sie werden feststellen, dass das die Mitte ist, in der das Phloem liegt!) Wenn Sie eine Karotte der Länge nach durchschneiden, sehen Sie, dass der Leitzylinder sich über die gesamte Länge der Karotte erstreckt. Damit ein Mineralstoff in diesen Zylinder und in die Xylem-Röhren gelangen und dann zum Spross transportiert werden kann, muss er erst durch eine dünne Zellschicht namens Endodermis kommen (die Sie ohne ein Mikroskop nicht deutlich sehen können). Die Endodermis umschließt den Leitzylinder und ist selbst von einem Ring aus einer wachsartigen Substanz umgeben, die Wasser und gelöste

Mineralstoffe blockiert, falls sie sich zwischen die Zellen drängen wollen. Stattdessen müssen die Mineralstoffe die Membranen von Endodermis-Zellen passieren und so auf die andere Seite in das Xylem gelangen. Das ist nur möglich, wenn die spezifischen Rezeptoren für jedes Mineral in den Endodermis-Membranen vorhanden und aktiv sind. Auf diese Weise fungiert die Endodermis als Torwächter und reguliert, was in das Xylem und in die übrige Pflanze gelangt und was nicht. Bei einem weit gefassten Vergleich mit unserem eigenen Verdauungssystem könnte man sagen, dass die Pflanze die Mineralstoffe im Boden zunächst an der Wurzeloberfläche »schmeckt« und erst dann entscheidet, welche Mineralien auf der Ebene der Endodermis ganz aufgenommen werden (so wie unser Darm die Aufnahmen von Nährstoffen reguliert). Vom Grundsatz her ist der Mechanismus des Schmeckens, den eine Pflanze besitzt, demjenigen sehr ähnlich, der beim Menschen dafür zuständig ist, die mineralische Homöostase einer Zelle aufrechtzuerhalten.

WIE PFLANZEN SCHWITZEN

Wie wir wissen, reicht essen nicht aus, um uns am Leben zu erhalten. Wir brauchen auch Wasser. Pflanzen ebenso – sie benötigen nicht nur für die Photosynthese Wasser, sondern, wie wir, auch dafür, den Wasserhaushalt in den Zellen zu regulieren. Manche Pflanzen benutzen hydraulische Miniaturpumpen, um ihre Blätter zu bewegen, und alle Pflanzen brauchen Wasser in ihren Blättern und Stängeln, um aufrecht zu bleiben. Wenn Sie je vergessen haben, Ihre Topfpflanzen zu gießen, haben Sie gesehen, wie ihre Blätter sich einrollen und die Stängel erschlaffen – das liegt am Absinken des Wasserdrucks in den Zellen der Pflanze. Die Wurzeln nehmen Wasser aus der Erde auf und bringen es über das Xylem in den Spross und die Blätter. Wie viel Wasser eine Pflanze braucht, ist sehr unterschiedlich. In der Wachstumsphase benötigt eine Pflanze mehr als in einer Ruhephase. An einem heißen Tag braucht eine Pflanze mehr Wasser als an einem kalten. Wasser treibt auch den Transport gelöster Mineralstoffe von den Wurzeln in die Blätter an, wo sie gebraucht werden, und ebenso den des gelösten Zuckers aus den Blättern in die Wurzeln. Pflanzen haben sogar eine eigene Form des Schwitzens, die man als Transpiration bezeichnet. Eine Pflanze verliert an einem heißen Tag mehr Wasser als an einem kalten, weil die Verdunstung von Wasser aus ihren Blättern sie kühlt. Haben Sie sich je gefragt, warum echtes Gras niemals heiß wird, auch nicht, wenn das Thermometer 35 Grad Celsius anzeigt, während künstliches Gras Ihnen die Füße verbrennen kann? Ganz einfach, weil Gras so gut schwitzt: Eine Pflanze verliert aufgrund der Transpiration ständig Flüssigkeit. Eine Eiche verdunstet an einem heißen Sommertag etwa mehr als 380 Liter Wasser!

Offenkundig kann die Verfügbarkeit von Wasser und von Nährstoffen im Boden das Wachstum einer Pflanze beeinflussen und begrenzen. Die Wurzeln sind das Organ, das zuerst mit dem Wasser und den Nährstoffen in der Erde in Kontakt kommt, daher müssen sie fähig sein, sie zu finden, sie also mit anderen Worten in der Erde zu »schmecken«.

Wissenschaftler haben schon eine recht klare Vorstellung von den Mechanismen, die bei der Wahrnehmung von Licht beim Phototropismus und der Schwerkraft beim Gravitropismus eine Rolle spielen (bei dem es darum geht, wie Pflanzen oben und unten unterscheiden können, was im Kapitel *Woher eine Pflanze weiß, wo sie ist* genauer besprochen wird). Aber wie Pflanzen Wasser wahrnehmen und es dann zu erreichen versuchen – dieses Phänomen hat erstmals der große Botaniker Julius von Sachs im 19. Jahrhundert beschrieben[34] – ist noch immer ein Rätsel. Mein Freund Hillel Fromm und sein Team an der *School of Plant Sciences and Food Security* an der Universität Tel Aviv haben versucht, es zu lösen. Sie haben gezeigt, dass sich Pflanzenwurzeln, die durch trockenen Sand wachsen, krümmen und auf eine Wasserquelle zuwachsen, sobald eine vorhanden ist. Überraschenderweise ist diese Krümmung unabhängig vom Hormon Auxin, das eine entscheidende Rolle dabei spielt, dass eine Pflanze sich dem Licht zuneigt.[35] So ist zwar das Ergebnis der »Krümmung« dasselbe, aber Pflanzen haben offenbar mehr als einen Mechanismus, der ihnen sagt, wann sie sich krümmen sollen.

Die Wurzeln signalisieren es den grünen Teilen der Pflanze auch, wenn die Wassermenge in der Erde abnimmt: Die Pflanzen nutzen diese Information dazu, die Struktur der Wurzeln zu verändern.[36] Nun könnte man vermuten, dass eine Pflanze ihr Wachstum verlangsamt, wenn nicht viel Wasser vorhanden ist, aber interessanterweise ist anfangs das Gegenteil der Fall. Zu Beginn einer Trockenperiode steigern Pflanzen oft das Wurzelwachstum in Richtung tieferer Erdschichten, auf der Suche nach neuen Wasserquellen.[37] Gleichzeitig stoppt die Pflanze das Wachstum flacher Wurzeln, weil oben die Erde meist am trockensten ist. Auf diese Weise geht eine Pflanze auf Nummer sicher und konzentriert sich darauf, dort zu wachsen, wo sie die besten Chancen hat, Wasser zu finden. Doch obwohl wir verstehen, wie Wasser in die Zellen einer Pflanze gelangt, stehen wir trotz jahrelanger Forschung noch ganz am Anfang der Erkenntnis, wie eine Pflanze Wasser wahrnimmt und beschließt, ihre Wurzeln in die Tiefe wachsen zu lassen.[38]

ACHTUNG: TROCKENHEIT

Im letzten Kapitel habe ich davon berichtet, dass Ian Baldwin und andere Pflanzenbiologen überzeugend nachweisen konnten, dass Pflanzen flüchtige chemische Stoffe dazu nutzen, sich über pathogene Einflüsse oder Pflanzenfresser zu verständigen. Können Pflanzen Wurzeln dazu nutzen, anderen Pflanzen physiologische Zustände wie Wassermangel mitzuteilen?

Mein Kollege Ariel Novoplansky und seine Studenten an der Ben-Gurion University waren neugierig, wie Pflanzen über Umweltbedingungen kommunizieren. Genauer gesagt wollten sie testen, ob Pflanzen, die unter optimalen Bedingungen wuchsen, sich anders verhielten, wenn sie direkt neben Pflanzen wuchsen, die unter Umweltstress litten. Konnte eine Pflanze, die unter Trockenheit litt, ihren Nachbarn mitteilen, dass schlechte Bedingungen auf sie zukamen?

Sie nannten ihre Versuchsanordnung »Wurzelteilung« *(split root)*. Bei einem Experiment mit Wurzelteilung wird eine Pflanze aus ihrem Topf herausgenommen und so neu eingepflanzt, dass ihre Wurzeln auf zwei Töpfe verteilt sind (Nr. 1 und Nr. 2). Dann wird eine zweite Pflanze ebenfalls so umgetopft, dass die Hälfte ihrer Wurzeln im gleichen

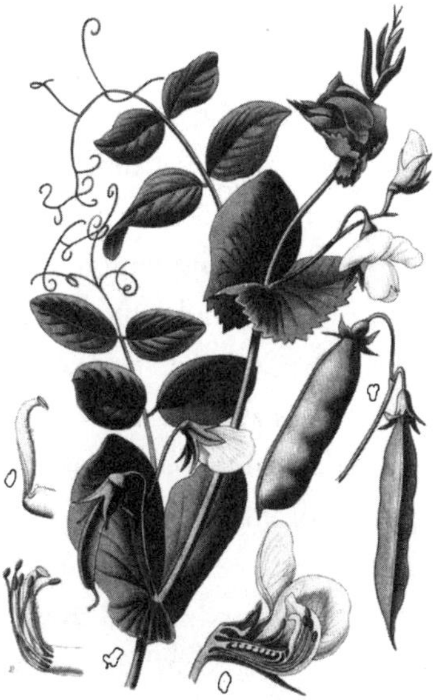

(11) Erbse
(Pisum sativum).

Topf ist wie ein Teil der Wurzeln der ersten Pflanze (im Topf Nr. 2), während die andere Hälfte in einem neuen Topf (Topf Nr. 3) ist. Diese beiden Pflanzen können dann mit dem gleichen Verfahren an eine dritte Pflanze gekoppelt werden, deren Wurzeln zur Hälfte zusammen mit der Hälfte der Wurzeln der zweiten Pflanze in Topf Nr. 3 sind, zur anderen Hälfte in Topf Nr. 4 usw. Bei dem hier besprochenen Versuch wurden sechs Erbsenpflanzen *(Pisum sativum)* in sieben Töpfen miteinander verbunden. Dann setzten die Forscher die erste Pflanze einer simulierten Trockenheit aus, indem sie die Bedingungen im ersten Topf änderten. Die Trockenheit wurde sehr plötzlich durch die Gabe eines inerten Zuckers namens Mannitol simuliert.

Zu den ersten Reaktionen einer Pflanze auf Wassermangel

gehört das Schließen der winzigen Öffnungen auf der Blattoberfläche, der sogenannten Stomata. Durch diese Poren kann Kohlendioxid, das für die Photosynthese gebraucht wird, in die Pflanze hineingelangen, und Sauerstoff, der das Produkt der Photosynthese ist, in die Atmosphäre ausströmen. Auch Wasserdampf entweicht bei der Transpiration durch die geöffneten Stomata. Pflanzen öffnen und schließen ihre Stomata aktiv als Reaktion auf ihre Umwelt. Um beispielsweise in einer Trockenzeit den Wasserverlust zu reduzieren, schließen Pflanzen ihre Stomata. Das verlangsamt zwar offenkundig die Photosynthese oder stoppt sie sogar ganz, aber es spart Wasser und ermöglicht der Pflanze dadurch, sich an einen vorübergehenden Wassermangel anzupassen und ihn zu überleben. Informationen, die ihren Ursprung in den Wurzeln haben, sagen den Stomata, wann sie sich schließen sollen.

(12) Novoplanskys Versuchsanordnung bei der Wurzelteilung.

Novoplansky und seine Studenten stellten fest, dass dann, wenn sie Mannitol in die Erde des ersten Topfes gaben, die Pflanze innerhalb von fünfzehn Minuten ihre Stomata schloss, obwohl die Hälfte ihrer Wurzeln weiter gut gewässert wurde.[39] Dass die Reaktion so rasch kam, überraschte nicht, das wusste man schon lange. Erstaunlich war jedoch, dass sich die Stomata der zweiten Pflanze, die die Hälfte ihrer Wurzeln zusammen mit der Hälfte der Wurzeln der ersten Pflanze in einem gut gewässerten Topf hatte, ebenfalls innerhalb von fünfzehn Minuten nach der Mannitolgabe in den ersten Topf schlossen. Diese Reaktion deutete darauf hin, dass die von der Trockenheit gestressten Wurzeln im ersten Topf ein Signal aussandten, das von den gestressten zu den nicht-gestressten Wurzeln derselben Pflanze weiterwanderte und sie dazu veranlasste, dieselbe Art von Signal in die Erde zu geben, die den Nachbarpflanzen kundtat, dass potenziell eine Trockenheit drohte.

Als Novoplansky die Stomata an den Blättern der anderen Nachbarpflanzen 3, 4, 5 und 6 untersuchte, stellte er fest, dass sich auch ihre Stomata schlossen, allerdings in größerem zeitlichem Abstand zur Mannitolgabe in Topf 1. Mit anderen Worten zeigte sich eine Art Relais-Signal von der gestressten Pflanze zur nächsten nicht-gestressten und weiter den ganzen Weg bis zu Pflanzen, die fünf Töpfe weit von der ursprünglichen Stressquelle entfernt waren! Die Forscher wussten, dass die Information durch die Erde übertragen werden musste, von Wurzelsystem zu Wurzelsystem. Nachbarpflanzen, die in separaten Töpfen direkt neben der behandelten Pflanze standen, wiesen keine Reaktion der Stomata auf.

Novoplanskys Ergebnisse bedeuten nicht unbedingt, dass gestresste Pflanzen »beabsichtigen«, ihre Nachbarn zu warnen. »Absicht« ist in der Pflanzenbiologie offenkundig ein heikler Begriff. Altruistisches Verhalten ist zwar fest in der Theorie der Evolutionsbiologie verwurzelt (das ist kein absichtliches Wortspiel!), besonders im Hinblick auf die Überlebensfähigkeit der Gemeinschaft. Aber die kommunizierenden Wurzeln können auch als zwischenpflanzliches Phänomen interpretiert werden. Wenn man bedenkt, dass sich die Wurzeln eines Baumes viele Meter weit nach außen erstrecken können, ist es gut möglich, dass einige Teile der Wurzeln trockenere Erde vorfinden als andere. In diesem Fall könnten die Wurzeln, die als Erste auf eine eingeschränkte Verfügbarkeit von Wasser stoßen, ihre »Geschwisterwurzeln« vor einer herannahenden Trockenheit warnen, indem sie ein chemisches Signal in die Erde abgeben, sodass sich die ganze Pflanze rasch auf die schwierigen Verhältnisse einstellen kann. Novoplanskys Gruppe hat die Idee von positiven Interaktionen zwischen Wurzeln noch weiter untersucht und konnte kürzlich zeigen, dass die Kommunikation von einer Wurzel zur nächsten sogar regulieren könnte, wann eine Pflanze blüht.[40] Die Gruppe wies nach, dass im Labor gezogene Rapspflanzen, deren Tage man kurz hielt (was die Blüte verzögert), früher blühten, wenn sie mit Wasser gegossen wurden, das der Erde von Pflanzen entnommen wurde, deren Tage länger waren (was das Blühen anregt).*

* Wann Pflanzen blühen, kann man durch Veränderungen der Tageslichtlänge manipulieren, wie wir bereits im ersten Kapitel gesehen haben. Raps ist eine »Langtagpflanze«, die im Sommer blüht, wenn die Tage lang sind, nicht aber im Herbst oder Winter, wenn die Tage kurz sind.

Zwar ist das exakte Mittel der Kommunikation noch nicht bekannt, aber es ist eindeutig etwas, das die Wurzeln schmecken.

BLEIB MIR VOM LEIB

Die Wüstenpflanze *Larrea tridentata* heißt auf Deutsch Kreosot-Busch. In Mexiko nennt man sie *gobernadora,* das ist das spanische Wort für »Gouverneurin« oder »Herrscherin«. Kreosot-Büsche bremsen das Wachstum von Nachbarpflanzen, indem sie ihnen kostbares Wasser für sich selbst wegnehmen. Wäre der Kreosot-Busch ein Land, würde er von den Vereinten Nationen zur Ordnung gerufen, weil er das Recht der Nachbarn auf Wasser nicht respektiert. Aber woher soll eine Pflanze wissen, ob ihre Nachbarn Freunde oder Feinde sind? Und wenn sie Feinde sind, wie kann der Kreosot-Busch dann sicherstellen, dass er das Wasser bekommt, die Nachbarn aber nicht?

Bruce Mahall von der University of California in Santa Barbara hat die These aufgestellt, dass die treibende Kraft bei dieser Art von Belagerung die Wurzeln sind, die heimlich und ungesehen unter der Erde arbeiten. Wenn die Wurzeln einer Pflanze das Wurzelwachstum einer anderen begrenzen könnten, dann könnte das erklären, warum Kreosot- und auch Ambrosiabüsche *(Ambrosia dumosa)* sich in der Natur von anderen Pflanzen abgesondert zu homogenen Gruppen zusammenschließen.

Um diese These zu testen führten Mahall und sein Student Ragan Callaway das folgende Experiment durch:[41] Zunächst zogen sie *Ambrosia-* und *Larrea-*Pflanzen in je eigenen flachen Schalen mit einem durchsichtigen Boden auf, der ihnen erlaubte, die Wurzeln zu sehen. So konnten sie, wenn sie die Schalen schräg hielten, die Verlängerung der Wurzeln messen, während diese in die Tiefe wuchsen. Als die Pflanzen eine gewisse Größe erreicht hatten, platzierten die Forscher Schalen in der Nachbarschaft – und zwar so, dass die Wurzeln der Pflanze in der einen Schale (die wir als »Testpflanze« bezeichnen wollen) in die Schale mit der anderen Pflanze hineinwuchsen (die »Zielpflanze«). Dann maßen sie weiterhin die Wachstumsrate der Testpflanze-Wurzeln, während sich diese den Wurzeln der Zielpflanze näherten. Zur Kontrolle konstruierten sie noch künstliche »Zielwurzeln« aus Dacron-Schnur, die sie im Sand eingruben.

Was sie dabei herausfanden, war höchst erstaunlich. Die Wurzeln beider Arten konnten unbeeindruckt weiterwachsen, wenn sie auf die Dacron-Schnur stießen, und sie verlängerten sich ganz normal an den Schnüren vorbei. Berührten die Wurzeln einer *Ambrosia*-Pflanze jedoch die Wurzeln einer benachbarten *Ambrosia*-Pflanze, verlängerten sie sich an dieser Stelle nicht weiter, obwohl andere Wurzeln derselben Pflanze in andere Richtungen weiterwuchsen. Auf diese Weise – so schloss Mahall – konnte die *Ambrosia* sicherstellen, dass ihr Wurzelsystem nicht mit freundlichen Nachbarn derselben Art konkurrierte, sondern vielmehr das Gesamtgebiet in der Erde vergrößerte, das von den Wurzelsystemen beider Pflanzen kolonisiert wird. Dadurch stieg die Wahrscheinlichkeit, zusätzliches Wasser zu ergattern. Interessanterweise stellten auch die Wurzeln ein und derselben Pflanze ihr Längenwachstum nicht ein, wenn sie einander berührten, was ein zusätzlicher Hinweis darauf war, dass *Ambrosia* zwischen der eigenen Art und einer fremden unterscheidet.

Larrea-Wurzeln hingegen schenkten weder der Nähe anderer *Larrea*-Wurzeln noch der von *Ambrosia*-Wurzeln große Beachtung, sondern wuchsen einfach weiter, auch wenn sie mit den fremden Wurzeln in Kontakt gekommen waren. Folglich konkurriert *Larrea* vermutlich direkt mit *Ambrosia* um Wasser. *Ambrosia*-Wurzeln reagierten jedoch auf die Nähe von *Larrea*-Wurzeln damit, dass sie ihr Wachstum einstellten. Wenn *Ambrosia*-Wurzeln bis auf einige Zentimeter an *Larrea*-Wurzeln herangekommen waren, wurden sie nicht mehr länger. *Larrea* eignete sich damit nicht nur die für *Ambrosia* verfügbaren Wasservorräte an, sondern schon allein das Vorhandensein ihrer Wurzeln hielt die *Ambrosia*-Pflanzen davon ab, auf ihr Territorium überzugreifen. Anscheinend führt *Larrea* einen chemischen Krieg und setzt irgendeine Art von löslichem Signalstoff ein, den die *Ambrosia*-Wurzeln schmecken und von dem sie dann Abstand zu halten suchen.

Doch nicht alle Pflanzen reagieren auf die Nähe fremder Nachbarn damit, dass sie vor ihnen zurückschrecken. Büffelgras-Pflanzen *(Bouteloua dactyloides,* im Deutschen meist *Buchloe dactyloides)* unterscheiden ebenfalls zwischen selbst und fremd. Sie entwickeln weniger und kürzere Wurzeln, wenn andere eigene Wurzeln da sind, wachsen aber schnell, wenn sie auf fremde Büffelgras-Pflanzen stoßen, vielleicht, um mit ihnen um Nährstoffe zu konkurrieren. Was aber wahrhaft erstaunlich ist und durchaus zum Anthropomorphisieren einlädt, ist, dass Büffelgras Identitätsprobleme bekommen kann: Es »vergisst« zuweilen, wer es ist! Wenn

(13) Büffelgras *(Bouteloua dactyloides).*

Ableger, die von ein und derselben Pflanze stammen, getrennt werden, werden sie sich mit der Zeit immer fremder und reagieren schließlich so aufeinander wie Pflanzen, die sich genetisch fremd sind.[42]

Anders gesagt erkannten nach einer Trennungszeit von zwei Monaten die Wurzeln, die von derselben Pflanze abstammten, ihre »Geschwisterwurzeln« nicht mehr und versuchten sie im Wachstum zu übertrumpfen.

WAS PFLANZEN SCHMECKEN UND DIE ZUKUNFT DER LANDWIRTSCHAFT

Was eine Pflanze schmeckt, ist für die Pflanzenphysiologie also elementar wichtig: ob für den Löwenzahn, Ihre Topfpflanzen oder ein Feld mit Hartweizen, der in Italien für die Herstellung von Pasta angepflanzt wird. Eine Pflanze, die in nährstoffarmem Boden wächst, wird gelb und gedeiht nicht richtig. Zu Hause und in der modernen Landwirtschaft ergänzen wir die Nahrung unserer Pflanzen mit Düngemitteln, die große Mengen von Mineralstoffen enthalten. Genauso wie viele von uns täglich eine Dosis Vitamine zu sich nehmen, weil die Nährstoffe in dem, was wir essen, nicht immer optimal für unsere Gesundheit sind, brauchen Nutzpflanzen zusätzlichen Dünger, weil Boden und Leitungswasser oft nicht die Nährstoffe enthalten, die für die bestmögliche Gesundheit der Pflanzen nötig sind.

Dass wir verstehen, was Pflanzen für ihre Ernährung brauchen und was eine Pflanze schmeckt, steht in engem Zusammenhang mit der modernen Landwirtschaft und dem Versuch, die Weltbevölkerung zu ernähren. Diese hat erst Anfang des 19. Jahrhunderts die Marke von einer Milliarde erreicht, und damals litt fast ein Drittel der Menschen Hunger. In meiner eigenen Lebensspanne habe ich die Weltbevölkerung von drei auf über sieben Milliarden wachsen sehen. Doch während noch immer rund 700 Millionen Menschen jeden Abend hungrig zu Bett gehen, leiden heute proportional weniger Menschen Hunger als zu jeder anderen Zeit der menschlichen Geschichte. Anders ausgedrückt leben heute mehr Menschen auf der Erde als jemals zuvor, und trotzdem gelingt es uns, die große Mehrzahl von ihnen zu ernähren. Das ist beachtlich, wenn Sie bedenken, dass bei steigender Weltbevölkerung weniger Land für die Landwirtschaft zur Verfügung steht. Selbst heute verlieren wir bei 28 Prozent potenziell urbarem Gebiet auf der Erdoberfläche jedes Jahr 100 000 Quadratkilometer an die Urbanisierung und an andere Einflussfaktoren.[43] Dennoch konnte die moderne Landwirtschaft den Hunger eindämmen, indem sie die Erträge gewaltig gesteigert hat.

Drei große Entwicklungen in der Landwirtschaft haben

die Geschichte der Menschheit verändert. Die erste Agrarrevolution fand vor rund zehntausend Jahren statt, als unsere Vorfahren in mehreren Erdteilen begannen, Feldfrüchte anzubauen. Diese Domestikation von Pflanzen ging mit der Einführung neuer genetischer Merkmale einher. So fallen etwa die Körner von wildem Weizen, der noch heute in Israel, Syrien, der Türkei und anderen Ländern des Fruchtbaren Halbmonds wächst, auf die Erde, wenn sie reif sind, was die Ernte sehr schwierig macht. Die Körner von domestiziertem Weizen hingegen bleiben auf dem Halm, wenn sie reif sind, was die Ernte erleichtert. Eine Mutation eines einzigen Gens namens *Q* ist für dieses Merkmal verantwortlich und hat zur Entwicklung von kultivierten Weizensorten geführt, die seither in der Landwirtschaft eingesetzt werden.[44] Die Domestikation von Weizen im Nahen Osten, von Mais in Nord- und Südamerika und Reis im Fernen Osten sowie anderer Getreide, Hülsenfrüchte, Obstbäume und Gemüsearten hat die Entwicklung des urbanen Lebens und der modernen Zivilisation ermöglicht, die wir heute kennen.

Das Verständnis dafür, was eine Pflanze schmeckt, kam bei der zweiten landwirtschaftlichen Revolution ins Spiel, die ihre Wurzeln in den Anfängen des 20. Jahrhunderts hat. Die gewaltige Steigerung der Erträge im 20. Jahrhundert verdankte sich drei technischen Errungenschaften: der Entwicklung von sehr ertragreichen Sorten verschiedener Feldfrüchte, dem Einsatz hochtechnologischer Bewässerungssysteme, die die Abhängigkeit der Landwirtschaft vom Regen drastisch verringerte, und der Entwicklung und der breiten Anwendung von chemischen Düngemitteln.

Die heutigen Landwirte sind nicht die Ersten, die verstehen, dass Pflanzen gute Nährstoffe brauchen, um gute Erträge zu liefern, sie haben nur als Erste die Wissenschaft davon, was eine Pflanze schmeckt, mit Chemie und Landwirtschaft verknüpft. Schon vor Tausenden von Jahren nutzten viele alte Kulturen von China bis Europa Mist, um den Boden mit Nährstoffen anzureichern und so seine Produktivität zu steigern.[45] Tierdung ist sehr reich an Kalium, Stickstoff und anderen wichtigen Mineralstoffen, die Pflanzenwurzeln wahrnehmen und aus dem Boden aufnehmen.

Mitte des 19. und Anfang des 20. Jahrhunderts, als die Landwirtschaft zunehmend industrialisiert wurde, machte man zahlreiche Versuche, künstliche Düngemittel zu erfinden, die das Wachstum förderten, ohne dass man Dung sammeln und verteilen musste. Die ersten echten Kunstdünger wurden in der ersten Hälfte des 20. Jahrhunderts produziert, nachdem die Nobelpreisträger Carl Bosch, Fritz Haber und Wilhelm Ostwald die Verfahren perfektioniert hatten, mit denen man Stickstoff aus der Luft in verwendbares Ammoniak oder in verwendbare Salpetersäure umwandeln konnte. Die Herstellung und Anwendung von Kunstdüngern, die Stickstoff und Phosphat enthielten, ermöglichte eine höhere Ergiebigkeit von Äckern und den Anbau von sehr ertragsstarken Getreidesorten.

Die Sorten, die seit der Mitte des 20. Jahrhunderts entwickelt wurden, enthalten mehr Proteine und Kohlenhydrate als je zuvor, was sich einigen neuen genetischen Merkmalen verdankt, die die Blütezeit und die Größe der Früchte und Samen beeinflussen. Zu den wichtigsten Eigenschaften der Hochleistungssorten von Weizen und Reis gehörte, dass sie kurz waren – »zwergwüchsig« in der Sprache der Landwirtschaft – und dicke Stängel hatten, um die größeren, schwereren Körner tragen zu können. Diese zwergwüchsigen Sorten lenkten auch mehr Energie in das Wachstum der Körner als in das der Stängel und Blätter, was den Ertrag weiter erhöhte. Doch diese Sorten bringen ihren erstaunlich hohen Ertrag nur dann, wenn sie mithilfe der künstlichen Düngemittel, die in der ersten Hälfte des 20. Jahrhunderts entwickelt wurden, besonders gut genährt werden. Mit anderen Worten müssen diese neuen Sorten mehr und schneller *essen* als frühere Sorten, damit sie zu unserem Nutzen mehr Früchte und Samen produzieren können.

Zwischen 1960 und 1980 hat sich in der Landwirtschaft der USA der Verbrauch von Kalidünger verdoppelt, von Phosphatdünger verdreifacht und von Stickstoffdünger vervierfacht.[46] Der Einsatz dieser Chemikalien im Sojabohnenanbau ist um beinahe 1000 Prozent gestiegen! Im Jahr 1964 wurde weniger als die Hälfte der Weizenfelder in den USA mit synthetischem Stickstoffdünger gedüngt – 2012 wurden nahezu 90 Prozent aller Weizenfelder mit Kunstdünger gedüngt. In diesem Zeitraum hat sich der Weizenertrag fast verdoppelt und stieg auf rund 50 *Bushel* (Scheffel) pro *Acre* (33,6 dt/ha) (und erhöhte sich seit Beginn des 20. Jahrhunderts um das Vier- bis Fünffache).[47] Die riesigen Ertragssteigerungen in den USA und in anderen westlichen Agrarländern waren dann auch in den Entwicklungsländern zu beobachten, als Mexiko, Indien, China, Vietnam und viele andere Länder diese neuen Technologien übernahmen.

Norman Borlaug bekam 1970 den Nobelpreis für seine führende Rolle bei der Entwicklung der ertragsstarken zwergwüchsigen Sorten und ihrer Einführung in die Landwirtschaft der Entwicklungsländer. Interessanterweise aber nicht in einer der naturwissenschaftlichen Kategorien; Borlaug erhielt den Friedensnobelpreis. Ihm wird das Verdienst zugeschrieben, durch seine Bemühungen mehr als eine Milliarde Menschen vor dem Hungertod bewahrt zu haben. Zwischen 1965 und 1970 verdoppelten sich die Weizenerträge in Pakistan und Indien, was sich der Arbeit von Borlaug und unzähligen anderen Wissenschaftlern verdankte, die an der Entwicklung von Getreide-Hochleistungssorten, am Ausbau der Bewässerungsinfrastruktur, an der Modernisierung von Managementtechniken und der Verteilung von Hybridsaatgut, synthetischen Düngemitteln und Pestiziden an die Bauern mitwirkten. Mitte der 1960er-Jahre herrschte in Indien mit seiner Bevölkerung von damals rund 700 Millionen Menschen Hunger, und die Bauern konnten nicht mit der Nachfrage Schritt halten. Im Jahr 2016 war die Bevölkerung Indiens doppelt so groß und dabei exportiert das Land noch Nahrungsmittel! Das heißt nicht, dass Indien ein Land ohne Hungernde wäre – leider gibt es noch immer in vielen Gebieten Unterernährung. Aber dafür sind ökonomische Gründe verantwortlich, keine agronomischen. Durch die Übernahme moderner landwirtschaftlicher Technologien ist Indien eine starke Agrarmacht geworden.

Diese Fortschritte bezeichnete man als »Grüne Revolution« (angelehnt an den damaligen Trend, Revolutionen mit Farben zu versehen, wie Rot oder Weiß). Die Grüne Revolution bringt allerdings auch Probleme mit sich. Die Menge der auf die Felder ausgebrachten Düngemittel ist größer als für die Pflanzen notwendig, daher werden die meisten der Mineralstoffe verschwendet und können in den natürlichen

Wasserkreislauf gelangen, wo sie zu Algenblüten und sauerstoffarmen »toten Zonen« führen, in denen Fische und andere Wassertiere kaum überleben können. Phosphat und Kalium sind nicht-erneuerbare, durch Bergbau gewonnene Rohstoffe, und obwohl es beim derzeitigen Verbrauch noch ausreichend Reserven für viele Jahrzehnte gibt, müssen wir diese Rohstoffe auch für die Zukunft bewahren. Außerdem hat der Anbau einiger weniger Hochleistungssorten die genetische Vielfalt der in der Landwirtschaft eingesetzten Feldfrüchte stark beeinträchtigt (auch mit dramatischen Folgen für die Populationen von Bestäubern wir zum Beispiel Hummeln). Vor der Grünen Revolution wurden in Indien Tausende unterschiedliche Reissorten angepflanzt, aber heute wird auf der Mehrzahl der Reisfelder in Indien eine von nur zehn kommerzialisierten, ertragsstarken Sorten angebaut.

Eine dritte landwirtschaftliche Revolution, die derzeit in Laboren überall auf der Welt stattfindet, zielt darauf ab, die Nachteile der Grünen Revolution wieder zu beseitigen und zugleich die hohen Erträge aufrechtzuerhalten, die für die Ernährung der Milliarden von Menschen notwendig sind. Die dritte landwirtschaftliche Revolution hat das Ziel, genau zu kontrollieren, wie viel eine Pflanze schmeckt. Ganz ähnlich wie die personalisierte Medizin darauf ausgerichtet ist, eine genau auf ein Individuum zugeschnittene Behandlung zu ermöglichen, wird in der »Präzisionslandwirtschaft« angestrebt, exakte Lösungen für einzelne Getreidearten, Äcker oder sogar Pflanzen zu bieten. Beispielsweise können die Bauern jetzt mithilfe von Fernerkundung und Computertechnologie präzise benötigte Mengen von Dünger auf ihre Felder ausbringen, genau wann und wo es nötig ist. Zusätzlich zur Erforschung nachhaltiger landwirtschaftlicher Methoden widmen sich die Wissenschaftler der Entwicklung neuer Sorten. Sie kennen inzwischen die genetische Basis vieler der in der Grünen Revolution gezüchteten Merkmale, sodass diese in zahlreiche andere, traditionellere Sorten eingeschleust werden können, wodurch die Sortenvielfalt zunimmt, aber zugleich hohe Erträge gesichert sind. Die Pflanzenforscher versuchen auch weltweit, neue Sorten zu entwickeln, die ertragreich sind, aber viel weniger Dünger und Wasser brauchen. Doch dafür müssen wir eben verstehen, wie Pflanzen Mineralstoffe »schmecken«, wie sie sie wahrnehmen und absorbieren. Erst dann können wir daran arbeiten, Sorten zu entwickeln, die das auf effektivere Weise tun, und dadurch den Verbrauch von Düngemitteln reduzieren.

Wenn also Pflanzen auf ihre eigene, einzigartige Weise ohne Riechnerv »riechen« und chemische Stoffe ohne Zunge »schmecken« können, ist es dann möglich, dass sie auch ohne sensorische Nerven »fühlen«?

WAS EINE PFLANZE FÜHLT

Ich werde hundert Blumen berühren,
und keine einzige pflücken.
Edna St. Vincent Millay,
Afternoon on a Hill

Die meisten von uns haben jeden Tag mit Pflanzen zu tun. Manchmal empfinden wir Pflanzen als weich und angenehm zum Beispiel Gras in einem Park, wenn wir uns ein Mittagsschläfchen gönnen oder wenn frische Rosenblütenblätter auf seidene Bettwäsche gestreut werden. Dann wieder sind sie borstig und stachlig: Wir müssen lästige Dornen umgehen, um an die Früchte am Brombeerbusch zu gelangen, wenn wir durch den Wald streifen, oder wir stolpern über eine knorrige Baumwurzel, die sich durch die Straße nach oben gekämpft hat. Aber in den meisten Fällen bleiben die Pflanzen passive Gegenstände, reglose Gebilde, mit denen wir umgehen, die wir aber gleichzeitig auch ignorieren. Wir zupfen die Blütenblätter von Gänseblümchen oder Margeriten ab. Wir sägen Zweige von unansehnlichen Ästen ab. Was, wenn die Pflanzen wüssten, dass wir sie anfassen?

Wahrscheinlich ist man ein bisschen überrascht und vielleicht sogar unangenehm berührt, wenn man erfährt, dass

Pflanzen es merken, wenn sie angefasst werden. Mehr noch, sie können zwischen heiß und kalt unterscheiden und wissen, wann ihre Äste im Wind schwanken. Pflanzen spüren direkten Kontakt: Manche, wie etwa Kletterpflanzen, fangen sofort an, schneller zu wachsen, wenn sie Kontakt mit einem Gegenstand wie einem Zaun bekommen, um den sie sich herumwickeln können. Die Venusfliegenfalle klappt gezielt ihre Fangblätter zu, wenn ein Insekt auf ihnen landet. Und anscheinend mögen es Pflanzen nicht, wenn man sie zu oft berührt, denn schon eine Berührung oder das Schütteln einer Pflanze kann dazu führen, dass sie ihr Wachstum verändert oder sogar einstellt.

Natürlich »fühlen« die Pflanzen nicht im üblichen Sinn des Wortes. Pflanzen spüren kein Bedauern und entwickeln kein Empfinden für einen neuen Job. Sie haben keine intuitive Wahrnehmung eines mentalen oder emotionalen Zustands. Aber Pflanzen nehmen taktile Reize wahr, und manche »fühlen« sogar feiner als wir. Pflanzen wie die Haargurke *(Sicyos angulatus)* sind bis zu zehnmal berührungsempfindlicher als wir. Ranken einer Haargurke können eine Schnur spüren, die nur ein Viertel eines Gramms wiegt. Das genügt, damit sich die Ranke um einen Gegenstand in der Nähe zu wickeln beginnt. Die meisten Menschen können hingegen ein sehr leichtes Stück Schnur erst spüren, wenn es ungefähr zwei Gramm wiegt. Aber unabhängig von der Berührungsempfindlichkeit weisen Pflanzen und Menschen überraschende Ähnlichkeiten beim Spüren einer Berührung auf.

Unser Tastsinn übermittelt uns sehr unterschiedliche Empfindungen, von einer schmerzhaften Verbrennung bis zum zarten Hauch einer Brise. Wenn wir mit einem Gegenstand in Kontakt kommen, werden Nerven aktiviert, die ein Signal ans Gehirn schicken, das die Art der Berührung mitteilt – Druck, Schmerz, Temperatur und mehr. Alle physischen Reize werden von unserem Nervensystem über spezifische sensorische Neuronen in der Haut, den Muskeln, Knochen, Gelenken und inneren Organen wahrgenommen. Durch die Aktivierung verschiedener Arten von sensorischen Neuronen erleben wir ein breites Spektrum an körperlichen Wahrnehmungen: Kitzeln, scharfen Schmerz, Hitze, leichte Berührung und dumpfen Schmerz, um nur einige zu nennen. Genau wie unterschiedliche Arten von Photorezeptoren für verschiedene Lichtfarben zuständig sind, sorgen auch unterschiedliche sensorische Neuronen für verschiedene taktile Erfahrungen. Eine Ameise, die über Ihren Arm krabbelt, aktiviert andere Rezeptoren als eine tiefe Schwedische Massage im Kurort. Unser Körper hat Rezeptoren

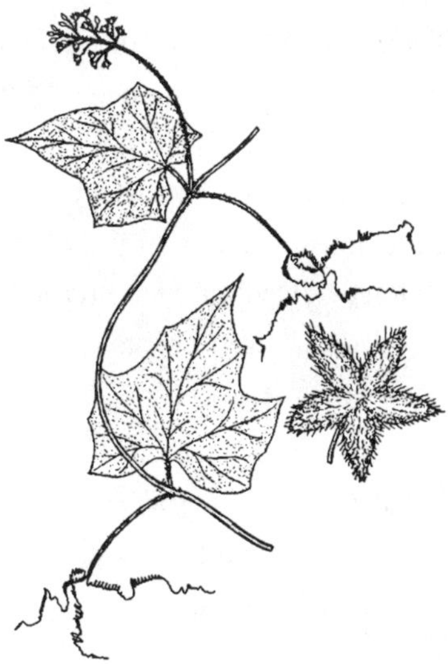

(14) Haargurke *(Sicyos angulatus).*

für Kälte und solche für Hitze. Aber alle diese sensorischen Neuronen arbeiten im Grunde auf die gleiche Weise. Wenn man etwas mit den Fingern berührt, leiten die sensorischen Neuronen für Berührung (die man Mechanorezeptoren nennt) ihr Signal an ein Nebenneuron, das mit dem Zentralnervensystem im Rückenmark verbunden ist. Von dort aus übertragen andere Neuronen das Signal ans Gehirn, das uns wissen lässt, dass wir etwas gespürt haben.

IONEN UND AKTIONSPOTENZIALE – WIE NERVEN SIGNALE ÜBERTRAGEN

Die neurale Kommunikation beruht bei allen Nervenzellen auf demselben Prinzip, nämlich auf der Elektrizität. Der auslösende Reiz startet eine rasche elektrochemische Reaktion der Zelle, die sich am Nerv entlang fortpflanzt. Dieser elektrische Puls trifft auf das Nebenneuron und wandert entlang dieses neuen Neurons weiter und so immer weiter, bis er im Gehirn ankommt. Eine Blockierung des Signals an irgendeiner Stelle kann katastrophal sein wie im Fall einer traumatischen Wirbelsäulenverletzung. Sie unterbricht das Signal und führt dadurch zum Empfindungsverlust für die betroffenen Gliedmaßen.

Nun sind zwar die Mechanismen, die bei den elektrochemischen Signalen eine Rolle spielen, komplex, aber das zugrunde liegende Prinzip ist einfach. So wie eine Batterie ihre elektrische Ladung unterschiedlichen

Elektrolyten in verschiedenen Kammern verdankt, hat eine biologische Zelle eine Ladung, die durch unterschiedliche Konzentrationen verschiedener Salze außerhalb der Zelle zustande kommt. Denn die Atome der Salze sind gelöst und liegen als Ionen, also in geladener Form vor. So befinden sich etwa außerhalb der Zellen mehr Natrium- und innerhalb mehr Kaliumionen. Wird ein Mechanorezeptor aktiviert, weil beispielsweise Ihr Daumen die Leertaste einer Tastatur berührt, öffnen sich in der Nähe des Kontaktpunktes spezielle Kanäle in der Zellmembran, die Natriumionen in die Zelle einlassen. Das verändert die elektrische Ladung der Zelle, was wiederum zur Öffnung weiterer Kanäle führt und den Natriumfluss erhöht. Ergebnis ist eine schnelle deutliche Ladungsänderung der Zelle: Die Zelle feuert einen kurzen Spannungsstoß ab. Dieses »Aktionspotenzial« pflanzt sich am Nerv entlang fort – wie eine Welle, die sich im Meer ausbreitet.

Am Ende des Neurons, an der Verbindungsstelle zum nächsten Neuron, bewirkt das Aktionspotenzial eine schnelle Erhöhung der Konzentration eines weiteren Ions, nämlich Calcium. Der Calciumanstieg ist notwendig, damit das aktive Neuron Neurotransmitter ausschüttet, die dann vom nächsten Neuron in Empfang genommen werden. Neurotransmitter, die sich an das nächste Neuron binden, initiieren dort neue Wellen von Aktionspotenzialen. Diese kurzzeitigen Spannungsspitzen der elektrischen Aktivität sind beispielhaft für die Art und Weise, wie Nerven kommunizieren, sei es von einem Rezeptor zum Gehirn oder vom Gehirn zu einem Muskel, um eine Bewegung auszulösen. Die allgegenwärtigen Monitore für die Herzleistung von Patienten in Krankenhäusern bilden diese Art von elektrischer Aktivität ab, da sie in Beziehung zur Herzfunktion steht – eine Spannungsspitze, gefolgt von einer Erholungsphase, ein Ablauf, der sich unablässig wiederholt. Mechanosensorische Neuronen schicken ähnliche Spannungsspitzen an das Gehirn, und die Frequenz der Spitzen teilt die Stärke des Reizes mit.

Ein biologisch anderes Phänomen als Berührung ist Schmerz. Schmerz entsteht nicht einfach nur durch eine Steigerung der Signale, die von unseren Berührungsrezeptoren ausgehen. Unsere Haut enthält unterschiedliche Rezeptoren für verschiedene Arten von Berührung, besitzt aber auch einzigartige neuronale Rezeptoren für verschiedene Arten von Schmerz. Schmerzrezeptoren (auch Nozirezeptoren oder Nozizeptoren) erfordern weitaus stärkere Reize, ehe sie Aktionspotenziale ans Gehirn schicken. Ibuprofen, Paracetamol oder andere Schmerzmittel wirken, weil sie speziell die Signale dämpfen oder unterbinden, die von den Schmerzrezeptoren kommen, nicht aber die von den Berührungsrezeptoren.

Der menschliche Tastsinn ist also eine Kombination von Aktionen in zwei verschiedenen Körperregionen – in den Zellen, die den Druck spüren und in ein elektrochemisches Signal verwandeln, sowie im Gehirn, das dieses elektrochemische Signal zu bestimmten Gefühlen verarbeitet und eine

Reaktion einleitet. Und was geschieht in Pflanzen? Haben auch sie Mechanorezeptoren?

DIE VENUSFLIEGENFALLE

Die Venusfliegenfalle* (lateinischer Name: *Dionaea muscipula*) ist ein Beispiel für eine Pflanze, die auf Berührung reagiert. Sie wächst in den Sümpfen von North und South Carolina, wo der Erde Stickstoff und Phosphor fehlen. Um in einer Umwelt mit einem so mageren Nahrungsangebot zu überleben, hat *Dionaea* die erstaunliche Fähigkeit entwickelt, ihre Nahrung nicht nur aus dem Licht, sondern auch aus Insekten zu gewinnen – und aus kleinen Tieren. Diese

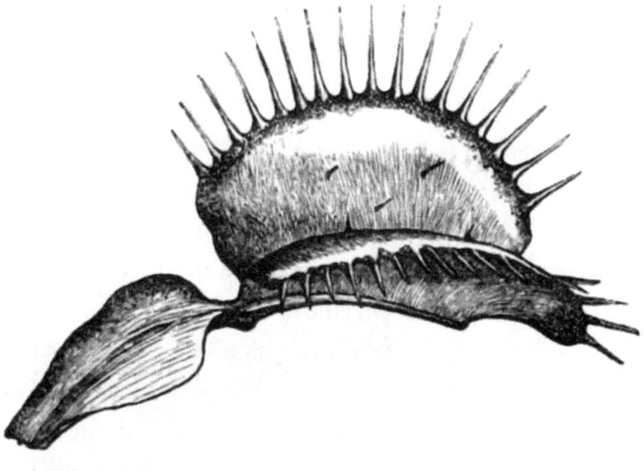

(15) Venusfliegenfalle *(Dionaea muscipula).*

* Der »Venus«-Teil der Pflanze hat wenig mit Wissenschaft und viel mit der erotischen Phantasie der englischen Botaniker im 19. Jahrhundert zu tun. Siehe unter www.sarracenia.com/faq/faq2880.html.

Pflanzen bedienen sich wie alle grünen Pflanzen der Photosynthese, aber im Nebenjob sind sie auch noch Fleischfresser, wodurch sie ihre Nahrung mit tierischem Eiweiß ergänzen.

Die Fangblätter der Venusfliegenfalle sind unverwechselbar: Sie enden in zwei Blatthälften, die durch eine Mittelrippe verbunden sind, und die Ränder der beiden Lappen sind mit langen Borsten besetzt, die man »Zilien« nennt und die den Zinken eines Kammes ähneln. Diese beiden Blatthälften, die auf einer Seite durch ein Gelenk zusammenhängen, stehen normalerweise ein Stück weit auseinander, sodass sie eine V-Form bilden. Die Innenseiten des Blattes sind in Rosa- und Purpurtönen gehalten und sondern Nektar ab, der für viele Lebewesen unwiderstehlich ist. Wenn eine arglose Fliege, ein neugieriger Käfer oder sogar ein kleiner Frosch auf Wanderschaft über die Oberfläche der Blätter kriecht, klappen die beiden Hälften mit überraschender Kraft zusammen, klemmen die ahnungslose Beute ein und verhindern ihre Flucht durch die »Gitterstangen« der ineinander verschränkten Zilien.* Die Falle schließt sich mit unglaublicher Schnelligkeit: Im Gegensatz zu unserem Tempo bei vergeblichen Versuchen, eine lästige Fliege zu erschlagen, klappt die Venusfliegenfalle in weniger als einer Zehntelsekunde zu. Ist die Falle erst einmal aktiviert, sondert sie Verdauungssäfte ab, die das Beutetier auflösen und absorbieren.

Die erstaunlichen Eigenschaften der Venusfliegenfalle bewogen Charles Darwin, der als einer der ersten Wissen-

* Siehe www.Youtube.com/watch?v=ymnLpQNyI6g, wo sich ein eindrucksvolles Beispiel für eine Venusfliegenfalle in Aktion findet.

schaftler eine gründliche Untersuchung über sie und andere Fleisch fressende Pflanzen veröffentlichte, die Venusfliegenfalle als »eine der wunderbarsten [Pflanzen] in der Welt« zu bezeichnen.[48] Darwins Interesse an Fleisch fressenden Pflanzen veranschaulicht, wie naive Neugier einen geschulten Wissenschaftler zu bahnbrechenden Entdeckungen führen kann. Darwin beginnt seine 1875 geschriebene Abhandlung *Insectenfressende Pflanzen* so: »Ich war während des Sommers 1860 erstaunt zu finden, was für eine grosze Anzahl Insecten von den Blättern des gewöhnlichen Sonnenthaus *(Drosera rotundifolia)* auf einer Haide in Sussex gefangen wurden. Ich hatte wohl gehört, dasz Insecten so gefangen würden, wuszte aber nichts weiteres über diesen Gegenstand.«[49] Zuerst wusste Darwin also fast nichts über Fleisch fressende Pflanzen und wurde doch bald der führende Experte des 19. Jahrhunderts auf diesem Gebiet, auch bezüglich der Venusfliegenfalle; noch heute wird auf sein Werk Bezug genommen.

Wir wissen inzwischen, dass die Venusfliegenfalle ihre Beute spürt und fühlt, ob der Organismus, der in ihrer Falle herumkriecht, die für den Verzehr passende Größe hat. Auf der rosaroten Oberfläche der Innenseiten beider Blatthälften gibt es mehrere lange schwarze sogenannte Fühlborsten. Sie fungieren als Auslöser, der die Falle zum Zuschnappen bringt. Aber die Berührung einer einzigen Borste genügt nicht, um die Falle auszulösen; Untersuchungen haben ergeben, dass mindestens zwei davon innerhalb von etwa 20 Sekunden berührt werden müssen. Das sorgt dafür, dass die Beute die ideale Größe hat und sich nicht durch Zappeln aus der Falle befreien kann, wenn die erst einmal zugeschnappt ist. Die Fühlborsten (die Darwin »Filamente«

nennt) sind extrem empfindlich, aber sie arbeiten auch äußerst selektiv. Darwin notierte in seinem Buch *Insectenfressende Pflanzen*:

»Wassertropfen oder ein dünner, unterbrochener, aus einer gewissen Höhe auf die Filamente herabfallender Strom verursachte keinen Schlusz der Blattscheiben … Ohne Zweifel ist, wie es auch bei der *Drosera* der Fall ist, die Pflanze gegen den schwersten Regenschauer ganz indifferent … Ferner blies ich viele male durch eine feine zugespitzte Röhre mit äuszerster Kraft gegen die Filamente, aber ohne irgend welche Wirkung; ein derartiges Blasen wurde mit so viel Gleichgültigkeit aufgenommen, wie es ohne Zweifel ein heftiger Sturmwind wurde. Wir sehen hieraus, dass die Empfindlichkeit der Filamente von einer specialisirten Beschaffenheit ist.«[50]

Obwohl Darwin den Ablauf von Ereignissen, die zum Schließen der Falle führen, und die Ernährungsvorteile, die das tierische Eiweiß für die Pflanzen hat, detailliert beschrieb, konnte er nicht den Mechanismus des Signals herausfinden, das zwischen Regen und einer Fliege unterschied und das blitzschnelle Fangen der Letzteren ermöglichte. Darwin war überzeugt, dass das Blatt irgendeinen Fleischgeschmack von der Beute zwischen ihren Blättern aufnahm, und testete alle möglichen Arten von Eiweißen und anderen Substanzen auf dem Blatt. Aber diese Experimente waren vergeblich: Mit keinem seiner Versuche konnte Darwin die Falle zum Zuschnappen bringen.

Sein Zeitgenosse John Burdon-Sanderson machte jene entscheidende Entdeckung, die den Auslösemechanismus ein für alle Mal erklärte.[51] Burdon-Sanderson war Professor für praktische Physiologie am University College in London und ausgebildeter Arzt. Er untersuchte die elektrischen Impulse, die in allen Tieren zu finden sind, von den Fröschen bis zu den Säugetieren, doch aufgrund seines Briefwechsels mit Darwin war er bald besonders von der Venusfliegenfalle fasziniert. Burdon-Sanderson platzierte vorsichtig eine Elektrode im Fangblatt der Venusfliegenfalle und entdeckte, dass ein Anstoßen an zwei Fühlborsten ein Aktionspotenzial auslöste, das dem ähnelte, das er bei der Muskelkontraktion von Tieren beobachtet hatte. Er fand heraus, dass es, wenn der Vorgang erst einmal initiiert war, mehrere Sekunden dauerte, bis die elektrische Spannung wieder in den Ruhezustand zurückkehrte. Und er erkannte, dass die Berührung der Borsten in der Falle durch ein Insekt ein Aktionspotenzial auslöst, das in beiden Blatthälften wahrgenommen wird.

Burdon-Sandersons Entdeckung, dass Druck auf zwei Borsten ein elektrisches Signal auslöst, das zum Zuklappen der Falle führt, gehört zu den wichtigsten seines Berufslebens und war das erste anschauliche Beispiel dafür, dass elektrische Aktivität die Entwicklung von Pflanzen reguliert. Dass das elektrische Signal die direkte Ursache für das Schließen der Falle war, blieb für ihn jedoch eine Hypothese. Erst mehr als 100 Jahre später bewiesen Alexander Volkov und seine Kollegen an der Oakwood University in Alabama, dass die elektrische Stimulation selbst das Signal ist, das das Zuschnappen der Falle verursacht.[52] Sie wandten eine Art Elektroschocktherapie auf die offenen Fangblätter der Pflanze an und brachten damit die Falle zum Zuklappen, ohne dass die Fühlborsten direkt berührt wurden. Volkovs Arbeit und frühere Untersuchungen in anderen Laboren konnten auch klären, dass die Falle sich merkt, wann eine erste Borste berührt wurde, und dann abwartet, bis eine zweite Borste stimuliert wird, ehe sie sich schließt.[53] Erst in jüngster Zeit hat die Forschung Licht auf den Mechanismus geworfen, der der Venusfliegenfalle erlaubt, sich zu erinnern, wie viele ihrer Fühlborsten berührt wurden; im letzten Kapitel nehmen wir diesen Mechanismus genauer unter die Lupe. Doch ehe wir zu der Frage kommen, wie Pflanzen sich an etwas erinnern, müssen wir dem Zusammenhang zwischen dem elektrischen Signal und der Bewegung der Blätter ein wenig Zeit schenken.

WASSERKRAFT

Burdon-Sanderson fiel auf, dass der elektrische Impuls, den er bei der zuklappenden Venusfliegenfalle entdeckte, große Ähnlichkeit mit dem Verhalten eines Nervs und eines kontrahierenden Muskels hatte. Während ihm ein solcher Impuls trotz des Fehlens von Nerven plausibel erschien, blieb ihm der Bewegungsmechanismus angesichts des Fehlens von Muskeln zunächst rätselhaft. Soweit Burdon-Sanderson wusste, wirkte das Aktionspotenzial in der Pflanze auf kein ersichtlich muskelähnliches Ziel ein, um das Schließen der Falle auszulösen.

Untersuchungen der *Mimosa pudica* boten für das Verständnis von Blattbewegungen ein wunderbares Experimentierfeld, das dann auf andere Pflanzen ausgedehnt werden konnte. Die *Mimosa pudica* ist in Süd- und Mittelamerika heimisch, wird inzwischen aber wegen ihrer faszinierenden beweglichen Blätter weltweit als Zierpflanze kultiviert. Ihre

Blätter sind außerordentlich berührungsempfindlich, und wenn man mit dem Finger über eines davon streicht, falten sich alle Blätter rasch zusammen und hängen herab. Einige Minuten später öffnen sie sich wieder, schließen sich aber genauso schnell wieder, wenn man sie noch einmal berührt. Der Name *pudica* spiegelt diese Bewegung des Hängens und Einklappens wider, denn er ist das lateinische Wort für schüchtern oder schamhaft. Daher auch der deutsche Name »Schamhafte Sinnpflanze« und die in vielen Gegenden gebräuchliche Bezeichnung »Empfindliche Pflanze«. Auf den Westindischen Inseln bezeichnet man sie aufgrund ihres ungewöhnlichen Verhaltens als »Scheintod«, auf Englisch und Hebräisch heißt sie »Rühr-mich-nicht-an« und auf Bengali »Schamhafte Jungfrau«.

Das für die Mimose typische Zuklappen und Sich-Öffnen gleicht stark der Bewegung der Venusfliegenfalle, sogar auf elektrophysiologischer Ebene. Das bemerkte Sir Jagadish Chandra Bose, ein bekannter Physiker aus Kalkutta, der dann Pflanzenphysiologe wurde.[54] Während Bose Forschungsarbeiten am Davy Faraday Research Laboratory of the Royal Institution of Great Britain durchführte, berichtete er 1901 der Royal Society in einem Vortrag, dass Berührung ein elektrisches Aktionspotenzial initiiere, das sich über die gesamte Länge des Blattes fortpflanze und zu einem schnellen Zuklappen der Mimosenblättchen führe. (Unglücklicherweise stand Burdon-Sanderson Boses Arbeit außerordentlich kritisch gegenüber und empfahl, Boses Aufsatz über die *Mimosa pudica* aus den *Proceedings of the Royal Society of London* – in denen die jeweils vorgestellten und vorgetragenen Forschungsarbeiten veröffentlicht wurden – auszu-

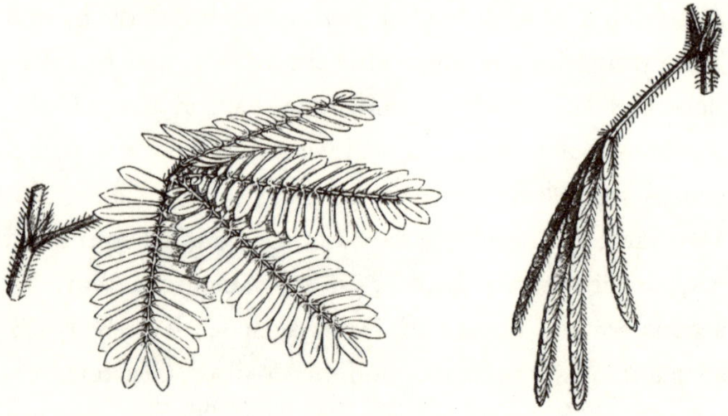

(16) Schamhafte Sinnpflanze oder Mimose *(Mimosa pudica)*.

schließen. Aber spätere Untersuchungen in vielen Laboren haben seither gezeigt, dass Bose damals Recht hatte.)[55]

Studien haben gezeigt, dass die Einwirkung eines elektrischen Signals auf eine Gruppe von Zellen namens Pulvini – das sind die Motorzellen, die die Blätter bewegen – zum Schließen und Senken der Mimosenblättchen führt. Um zu verstehen, wie ein Pulvinus die Blätter auch ohne einen Muskel bewegt, müssen wir ein wenig elementare Zellbiologie verstehen. Eine Pflanzenzelle enthält zwei Hauptteile: Protoplast und Zellwand. Ein Protoplast gleicht, ähnlich wie tierische Zellen, einem Wasserballon: Eine dünne Membran umgibt einen flüssig gefüllten Innenraum. Dieser Innenraum enthält mehrere mikroskopisch kleine Bestandteile, darunter den Zellkern, Mitochondrien, Proteine und DNA. Einzigartig an Pflanzenzellen ist, dass der Protoplast in einem zweiten Zellteil eingeschlossen ist, einer festen Hülle namens Zellwand. In Ermangelung eines tragenden Skeletts gibt diese Zellwand Pflanzen ihre Stärke. Bei Holz,

Baumwolle und Nussschalen zum Beispiel sind die Zellwände dick und fest, während sie bei Blättern und Blütenblättern dünn und biegsam sind. (Wir sind von diesen Zellwänden in hohem Maße abhängig, da sie für die Herstellung von Papier, Möbeln, Kleidung, Seilen und sogar Treibstoff unverzichtbar sind.)

Normalerweise enthält ein Protoplast so viel Wasser, dass er kräftig gegen die ihn umgebende Zellwand drückt, was den Pflanzenzellen ermöglicht, straff und aufrecht dazustehen und Gewicht zu tragen. Aber wenn einer Pflanze Wasser fehlt, dann ist der Druck auf die Zellwände gering, und die Pflanze welkt. Normalerweise kann eine Zelle kontrollieren, wie viel Druck auf der Zellwand liegt, indem sie Wasser in die Zelle hinein- oder aus ihr herauspumpt. Die Pulvini sind an der Basis eines jeden Mimosenblättchens zu finden und fungieren wie winzige Hydraulikpumpen, die die Blätter bewegen. Sind die Pulvini mit Wasser gefüllt, drücken sie die Blättchen auf, und wenn sie Wasser verlieren, sinkt der Druck, und die Blättchen falten sich zusammen.

Wo kommen nun die elektrischen Aktionspotenziale ins Spiel? Sie sind das kritische Signal, das der Zelle sagt, ob sie Wasser in die Zelle hinein- oder aus ihr herauspumpen soll. Unter normalen Bedingungen sind die Mimosenblätter offen und die Pulvini mit Kaliumionen gefüllt. Die hohe Konzentration von Kalium im Zellinneren im Verhältnis zum Äußeren bewirkt, dass Wasser vergeblich versucht, in die Zelle einzudringen, um das Kalium zu verdünnen. Das führt zu einem hohen Druck auf die Zellwand – und zu geöffneten Blättern. Erreicht aber ein elektrisches Signal einen Pulvinus, öffnen sich die Kaliumkanäle in der Zellwand, und mit dem Kalium verlässt auch Wasser die Zelle. Dadurch erschlafft sie. Wenn das Signal abgeklungen ist, pumpen die Pulvini wieder Kalium in die Zellen hinein, was bewirkt, dass Wasser hineinfließt und das Blatt sich wieder öffnet. Calcium, das für die neuronale Kommunikation im Menschen entscheidende Ion, reguliert auch hier die Öffnung der Kaliumkanäle. Und wie wir sehen werden, ist es maßgebend für die Reaktion einer Pflanze auf Berührung.

BERÜHRUNG – EIN NEGATIVER EINFLUSS

Anfang der 1960er-Jahre untersuchte Frank Salisbury die chemischen Stoffe, die die Gewöhnliche Spitzklette *(Xanthium strumarium)* zum Blühen bringen. Die Pflanze ist in ganz Nordamerika zu finden und für ihre kleinen, ovalen Kletten berüchtigt, die häufig in der Kleidung von Wanderern hängen bleiben. Um ihr Wachstum zu verstehen, beschlossen Salisbury und sein Technikerteam von der Colorado State University, die tägliche Zunahme der Blattlänge zu überwachen. Dafür gingen sie ins Freie und vermaßen die Blätter ganz handfest mit einem Lineal. Zu seiner Bestürzung stellte Salisbury fest, dass die gemessenen Blätter nie ihre normale Länge erreichten. Im weiteren Verlauf des Experiments wurden sie sogar nach und nach gelb und starben ab. Die Blätter an derselben Pflanze hingegen, die nicht angefasst und gemessen wurden, gediehen prächtig. Salisbury erklärte dazu: »Wir sahen uns mit der bemerkenswerten Entdeckung konfrontiert, dass man ein Klettenblatt einfach dadurch abtöten kann, dass man es jeden Tag einige Sekunden berührt!«[56]

(17) Gewöhnliche Spitzklette *(Xanthium strumarium)*.

Da Salisbury andere Interessenschwerpunkte hatte, vergingen zehn Jahre, bis seine Beobachtung in einen größeren Zusammenhang gestellt wurde. Der Pflanzenphysiologe Mark Jaffe, der Anfang der 1970er-Jahre an der Ohio University arbeitete, erkannte, dass die durch Berührung ausgelöste Wachstumshemmung in der Pflanzenbiologie ein allgemeines Phänomen ist. Er prägte den schwerfälligen Begriff »Thigmomorphogenese« aus den griechischen Wurzeln *thigmo* (Berührung) und *Morphogenese* (Entstehung der Form), um die allgemeine Wirkung mechanischer Stimulierung auf Pflanzenwachstum zu beschreiben.[57]

Selbstverständlich sind Pflanzen vielfältigen taktilen Stressfaktoren wie Wind, Regen und Schnee ausgesetzt, und auch Tiere kommen mit vielen von ihnen regelmäßig in Berührung. Im Rückblick ist es also vielleicht nicht gar so überraschend, dass eine Pflanze als Reaktion auf Berührung ihr Wachstum bremst. Eine Pflanze ist sich der Art von Umgebung gewahr, in der sie lebt. Bäume, die hoch oben auf einem Bergrücken wachsen, müssen oft starkem Wind trotzen, und sie passen sich an diesen Umweltstress dadurch an, dass sie die Entwicklung ihrer Äste begrenzen und kurze, dicke Stämme ausbilden. Wächst dieselbe Art von Baum hingegen in einem geschützten Tal, wird er hoch und schlank sein und viele Äste haben. Wachstumsverringerung als Antwort auf Berührung ist eine evolutionäre Anpassungsstrategie, die die Chancen einer Pflanze erhöht, vielfältige und oft gewaltsame Störungen zu überstehen. Ökologisch betrachtet muss eine Pflanze eine ganze Menge Entscheidungen treffen, die auch wir treffen müssten, wenn wir ein Haus bauen wollten. Was und wie viel sollte in die Fundamente gesteckt werden? Und was in den Aufbau? Wenn Sie in einer windarmen Gegend mit geringem Erdbebenrisiko wohnen, dann können Sie Ihre Mittel vorwiegend auf das äußere Erscheinungsbild Ihres Hauses verwenden. Aber in einer stürmischen Gegend oder bei hohem Erdbebenrisiko müssen Sie vor allem in ein tragfähiges Fundament und eine stabile Struktur investieren.

Was für Bäume gilt, das trifft auch auf unsere Kleine Ackerschmalwand oder *Arabidopsis thaliana* zu, die wir im ersten Kapitel kennengelernt haben. Eine *Arabidopsis*-Pflanze, die im Labor mehrmals am Tag angefasst wird, entwickelt sich viel gedrungener und blüht viel später als eine, die in Ruhe gelassen wird. Selbst wenn man ihre Blätter dreimal am Tag nur streichelt, verändert das ihre physische Entwicklung umfassend. Während es viele Tage dauert, bis wir eine Veränderung im Gesamtwachstum beobachten können, erfolgt die erste Zellreaktion ziemlich schnell. Janet Braam und ihre Kollegen an der Rice University haben sogar zeigen können, dass die bloße Berührung eines *Arabidopsis*-Blattes zu einer schnellen Veränderung der *genetischen* Beschaffenheit der Pflanze führt.

Dass Braam dieses Phänomen überhaupt entdeckt hat, war ein echter Glückstreffer. Als junge Forscherin an der Stanford University war sie anfangs nicht an den Auswirkungen von Berührung auf Pflanzen interessiert, sondern vielmehr an den genetischen Programmen, die durch Pflanzenhormone aktiviert werden. Bei einem ihrer Versuche, mit dem sie die Wirkung des Hormons Gibberellin auf die Biologie von Pflanzen erhellen wollte, besprühte sie *Arabidopsis*-Blätter mit diesem Hormon und überprüfte dann, welche Gene durch diese Behandlung aktiviert wurden. Sie entdeckte mehrere Gene, die sehr schnell nach dem Besprühen eingeschaltet wurden, und vermutete, dass sie auf das Gibberellin reagierten. Es stellte sich jedoch heraus, dass sich ihre Aktivität durch Besprühen mit einer ganzen Reihe von verschiedenen Substanzen erhöhen ließ – selbst mit Wasser.

Braam machte unverdrossen weiter und versuchte herauszufinden, warum diese Gene sogar durch Wasser aktiviert wurden. Sie hatte ein wahres Heureka-Erlebnis, als sie erkannte, dass der gemeinsame Faktor bei allen Behandlungen die *physische Sinneswahrnehmung* des Besprühtwerdens mit den Lösungen war. Braam stellte die These auf, dass die Gene, die sie entdeckt hatte, auf die physische Behandlung der Blätter reagierten. Um das zu testen, führte sie ihren Versuch fort, besprühte die Pflanzen jetzt aber nicht mehr mit Wasser, sondern berührte sie nur. Zu ihrer Befriedigung wurden dieselben Gene, die durch das Besprühen mit dem Hormon oder Wasser aktiviert worden waren, jetzt auch durch die Berührung angesprochen. Braam begriff, dass ihre neugefundenen Gene eindeutig durch Berührung (engl. *touch*) aktiviert wurden, und nannte sie passenderweise »*TCH genes*« (Berührungsgene).[58]

CODIEREN UND TRANSKRIBIEREN – WIE GENE FUNKTIONIEREN

Um die Bedeutung der Berührungsgene besser zu verstehen, muss man sich kurz näher ansehen, wie Gene im Allgemeinen funktionieren.

Die DNA, die sich im Kern einer jeden Zelle findet, aus denen eine *Arabidopsis*-Pflanze besteht, enthält etwa 25 000 Gene. Sie bilden den genetischen Code. Auf der einfachsten Ebene codiert jedes Gen für ein einziges Protein. Obwohl die DNA in allen Zellen gleich ist, enthalten verschiedene Zellen unterschiedliche Proteine. Beispielsweise enthält eine Zelle in einem Blatt andere Proteine als eine Zelle in der Wurzel. Die Blattzelle enthält Proteine, die Licht für die Photosynthese absorbieren, während die Wurzelzelle Proteine enthält, die ihr helfen, Mineralstoffe aus der Erde aufzunehmen. Verschiedene Zelltypen enthalten deswegen unterschiedliche Proteine, weil darin jeweils unterschiedliche Gene aktiv sind. Nur von den jeweils aktiven Genen einer Zelle werden RNA-Kopien erstellt (diesen ersten Schritt bei der Übermittlung der Erbinformation nennt man Transkription); erst sie werden dann zu Proteinen umgeschrieben.

Während nun manche Gene in allen Zellen transkribiert werden (zum Beispiel diejenigen, die für die Erzeugung von Membranen benötigt werden), werden die meisten Gene nur in einer spezifischen Untergruppe von Zelltypen transkribiert. Während also jede Zelle das *Potenzial* hat, jedes der 25 000 Gene zu aktivieren, sind tatsächlich in einem bestimmten Zelltyp nur einige tausend Gene aktiv. Noch komplizierter wird die Lage dadurch, dass viele Gene auch von der äußeren Umgebung kontrolliert werden. Manche Gene werden in Blättern erst transkribiert, wenn die Blätter blaues Licht gesehen haben. Manche werden mitten in der Nacht transkribiert, andere nach einer Hitzeperiode, manche nach einem Bakterienangriff, wieder andere nach einer Berührung.

Was sind nun diese Berührungsgene? Die ersten *TCH*-Gene, die Braam identifiziert hat, codieren für Proteine, die bei den Calciumsignalen in der Zelle eine Rolle spielen. Wie wir schon gesehen haben, gehört Calcium zu den wichtigen Salz-Ionen und reguliert sowohl die elektrische Ladung einer Zelle als auch die Kommunikation zwischen Zellen. Bei Pflanzenzellen trägt Calcium dazu bei, den Druck auf die Zellwand aufrechtzuerhalten (wie in den Pulvini bei der Mimose), und ist selbst auch Teil der Zellwand. Calcium ist bei Menschen und Tieren unentbehrlich für die Weiterleitung elektrischer Signale von einem Neuron zum nächsten, und es ist außerdem für die Muskelkontraktion notwendig. Noch wissen wir erst bruchstückhaft, wie Calcium so vielfältige Phänomene gleichzeitig regulieren kann, aber es wird intensiv daran geforscht.

Was Wissenschaftler schon wissen, ist, dass nach einer mechanischen Stimulierung – etwa, wenn ein Zweig geschüttelt wird oder wenn eine Wurzel auf einen Stein trifft – die Calciumkonzentration in einer Pflanzenzelle rasch stark ansteigt und dann abfällt. Diese Spitze in der Calciumkonzentration beeinflusst die elektrische Spannung in der Zellmembran, aber auch vielfältige Zellfunktionen direkt. Calcium dient hier als »sekundärer Botenstoff« oder Mediatormolekül, das Informationen von bestimmten Rezeptoren an spezielle Ziele weiterleitet. Für sich alleine kann freies, lösliches Calcium Reaktionen kaum wirksam auslösen, denn die meisten Proteine können Calcium nicht direkt binden. Daher agiert Calcium sowohl bei Mensch und Tier als auch bei Pflanzen normalerweise zusammen mit einer kleinen Anzahl Calcium bindenden Proteinen.

Das am besten erforschte Calcium bindende Protein ist das Calmodulin (*Cal*cium-*modul*ated prote*in*). Calmodulin ist relativ klein, aber äußerst wichtig. Wenn es sich an Calcium bindet, wechselwirkt es mit mehreren Proteinen und reguliert deren Aktivität. Beim Menschen betrifft das solche Proteine, die an wichtigen Prozessen beteiligt sind, etwa an der Gedächtnisleistung, Entzündungen, der Muskelfunktion und dem Nervenwachstum. Bei den Pflanzen hat Braam gezeigt, dass das erste *TCH*-Gen für Calmodulin codiert. Das heißt, wenn man eine Pflanze berührt, ganz gleich, ob eine *Arabidopsis* oder eine Papaya, schüttet sie als eine ihrer ersten Reaktionen mehr Calmodulin aus. Das tut sie wahrscheinlich, um das Calcium zu nutzen, das die Aktionspotenziale freisetzen.

Dank der noch andauernden Forschungsarbeit von Braam und anderen wissen wir heute, dass über 2 Prozent der *Arabidopsis*-Gene (darunter die Gene, die für Calmodulin und andere Calcium-verwandte Proteine codieren, aber nicht allein für diese) aktiviert werden, nachdem ein Insekt auf einem Blatt gelandet ist, ein Tier die Pflanze gestreift hat oder der Wind ihre Blätter bewegt hat.[59] Das ist eine überraschend große Anzahl von Genen und weist darauf hin, wie weitreichend die pflanzliche Reaktion ist, wenn es um eine mechanische Stimulierung und das Überleben der Pflanze geht.

PFLANZLICHES UND MENSCHLICHES FÜHLEN

Wir Menschen können eine vielfältige und komplexe Mischung von physischen Sinneseindrücken fühlen, denn wir besitzen spezielle mechanosensorische Rezeptornerven und ein Gehirn, das deren Signale in Empfindungen samt zugehörigen Emotionen übersetzt. Die Rezeptoren ermöglichen es uns, auf ein breites Spektrum taktiler Reize zu reagieren. Ein bestimmter mechanosensorischer Rezeptor namens »Merkel-Zelle« (die in Verbindung mit einer Nervenendigung als »Merkel-Scheibe« bezeichnet wird), ist empfindlich für anhaltende Berührung und langen Druck auf die Haut und die Muskeln. Nozizeptoren werden im Mund von Capsaicin, der extrem scharfen chemischen Substanz, die in Chilifrüchten enthalten ist, aktiviert, und Nozizeptoren signalisieren uns, dass unser Blinddarm entzündet ist. Schmerzrezeptoren sind dazu da, um uns entweder in gefährlichen Situationen zum Rückzug zu veranlassen oder uns ein potenziell gefährliches Problem in unserem Körper zu melden.

Pflanzen spüren ebenfalls Berührung, aber keinen Schmerz. Auch ist ihre Reaktion nicht subjektiv. Unsere Wahrnehmung von Berührung und Schmerz hingegen ist subjektiv – sie variiert von Mensch zu Mensch. Eine leichte Berührung kann für den einen angenehm und für den anderen ein lästiges Kitzeln sein. Diese Subjektivität kann viele Gründe haben: Genetische Unterschiede können sich auf den Schwellendruck auswirken, der erforderlich ist, um einen Ionenkanal zu öffnen; psychische Unterschiede, die taktile Empfindungen mit Assoziationen wie Angst, Panik und Trauer verbinden, können unsere physiologischen Reaktionen erheblich steigern.

(18) Tomate *(Solanum lycopersicum).*

Eine Pflanze ist frei von diesen subjektiven Einschränkungen, weil sie kein Gehirn hat. Aber Pflanzen nehmen mechanische Reize wahr und können auf unterschiedliche Arten von Stimulierung auf spezifische Weise reagieren. Diese Reaktionen helfen der Pflanze nicht, Schmerzen zu vermeiden, sondern beeinflussen ihre Entwicklung so, dass sie optimal an die äußere Umgebung angepasst ist. Ein erstaunliches Beispiel hierfür haben Dianna Bowles und ihr Forschungsteam an der University of Leeds veröffentlicht.[60] Bereits frühere Arbeiten hatten gezeigt, dass die Verletzung eines einzigen Tomatenblattes zu Reaktionen in den unverletzten Blättern derselben Pflanze führt (ähnlich wie bei den Forschungsarbeiten, die bereits vorgestellt wurden). Zu diesen Reaktionen gehört die Transkription einer Klasse von Genen, die man Protease-Inhibitoren nennt, bei den gesunden Blättern.

Bowles war neugierig darauf, mehr über die Natur des Signals zu erfahren, das ein verletztes Blatt an ein intaktes schickt. Das wissenschaftlich akzeptierte Modell besagte, dass ein verletztes Blatt ein chemisches Signal absondert, das über seine Leitbahnen in die übrigen Teile der Pflanze transportiert wird. Aber Bowles stellte die These auf, dass das Signal elektrischer Natur sei. Um ihre Annahme zu prüfen, verbrannte Bowles eine Stelle eines Tomatenblatts mit einem heißen Stahlblock. Daraufhin fand sie im Stängel der Pflanze in einigem Abstand von der Verletzung ein elektrisches Signal. Das Signal trat auch dann noch auf, wenn Dianna Bowles den Blattstiel (oder Petiolus), der das Blatt mit dem Stängel verbindet, vereiste. Sie fand heraus, dass die Vereisung des Stiels den Fluss chemischer Substanzen vom Blatt zum Stängel unterband – nicht aber den Fluss der

Elektrizität. Wenn sie den Stiel des verbrannten Blattes vereiste, transkribierten die intakten Blätter außerdem noch immer die Protease-Inhibitor-Gene. Das Blatt spürte keinen Schmerz. Die Tomate reagierte auf das heiße Metall nicht dadurch, dass sie sich von ihm zurückzog, sondern warnte ihre übrigen Blätter, dass sie sich in einer potenziell gefährlichen Umgebung befanden.

Die Studie von Bowles wurde 1992 in der renommierten Fachzeitschrift *Nature* veröffentlicht. Aber ihr Schluss, dass Pflanzen als Reaktion auf Verletzung elektrische Signale über längere Strecken hinweg senden, was offenkundig eine Überschneidung mit den neuralen Signalen von Tieren darstellt, wurde – rundheraus gesagt – nicht einhellig von anderen Forschern akzeptiert. Ganz ähnlich wurde ja auch Baldwins Identifizierung einer Kommunikation zwischen Pflanzen mittels flüchtiger Substanzen anfangs abgelehnt.

Zwei Jahrzehnte nach Bowles' Forschung über elektrische Signale veröffentlichte Ted Farmer, Professor an der Universität Lausanne in der Schweiz, eine Studie, die definitiv beweist, dass Pflanzen »nervenähnliche« Mechanismen benutzen, um Insekten zu spüren.[61] Die jungen Wissenschaftler in Farmers Gruppe zeigten, dass dann, wenn ein Käfer an einem *Arabidopsis*-Blatt knabbert oder wenn sie ein Blatt manuell verletzten, in dem verletzten Blatt ein elektrischer Strom erzeugt wird, der sich über das Blatt zum Stängel und dann zu benachbarten Blättern hin fortpflanzt. Sobald das elektrische Signal sein Ziel, das unverletzte Blatt, erreicht hatte, wurde das Signal dekodiert und führte zur Produktion des Verteidigungshormons Jasmonsäure (das Sie im Kapitel *Was eine Pflanze riecht* kennengelernt haben). Aber jetzt kommt meiner Meinung nach erst das Beste: Nicht nur war das Signal von einem Blatt zum nächsten elektrisch, sondern Proteine, die eine große Ähnlichkeit mit denen aufweisen, die man in menschlichen Synapsen findet, waren für die Fortpflanzung dieses Signals entscheidend. Anders gesagt löste die Verletzung des Blattes ein elektrisches Signal aus, das sowohl von Kationen wie Calcium und Kalium abhängig war, als auch von Proteinen, die menschlichen Neurorezeptoren sehr ähnlich sind, und die Pflanze kann dieses Signal in eine Aktion umsetzen – die Produktion eines Verteidigungshormons.

Als festgewachsene, an Ort und Stelle verwurzelte Organismen können Pflanzen zwar weder zurückweichen noch fliehen, aber dafür können sie ihren Stoffwechsel verändern, um sich an unterschiedliche Umgebungen anzupassen. Obwohl also der pflanzliche und der menschliche bzw. tierische Organismus so unterschiedlich auf Berührung und andere mechanische Stimulierungen reagieren, sind die Signale, die dabei auf zellulärer Ebene ausgelöst werden, faszinierend ähnlich. Die mechanische Reizung einer Pflanzenzelle initiiert ebenso wie die mechanische Reizung einer menschlichen oder tierischen Nervenzelle eine Veränderung in der Ionenkonzentration einer Zelle, die zu einem elektrischen Signal führt. Und wie bei Menschen und Tieren kann sich auch bei Pflanzen das Signal von Zelle zu Zelle fortpflanzen und erfordert dazu die koordinierte Funktion von Ionenkanälen für Kalium, Calcium, Calmodulin und andere Pflanzenbestandteile.

Eine spezialisierte Form von Mechanorezeptoren ist in unseren Ohren zu finden. Wenn also Pflanzen aufgrund von

Mechanorezeptoren, die denen in unserer Haut ähnlich sind, Berührung spüren können, können sie dann mithilfe von Mechanorezeptoren, die denen in unseren Ohren ähnlich sind, auch hören?

WAS EINE PFLANZE HÖRT

Die Tempelglocke schweigt,
doch ich höre den Klang noch
aus allen Blumen.

Matsuo Bashō

Wälder hallen wider von Klängen. Vögel singen, Frösche quaken, Grillen zirpen, Blätter rascheln im Wind. In diesem Orchester, das niemals schweigt, sind Laute zu hören, die Gefahr signalisieren, Töne, die mit Paarungsritualen zu tun haben, bedrohliche und beruhigende Geräusche. Ein Eichhörnchen springt auf einen Baum, wenn krachend ein Ast bricht, ein Vogel antwortet auf den Ruf eines anderen. Tiere bewegen sich ständig als Reaktion auf Geräusche, erzeugen dabei neue Geräusche und tragen so zu einer zyklischen Kakophonie bei. Aber auch wenn es im Wald fortwährend raschelt und tönt, erscheinen die Pflanzen stets stoisch still und reagieren nicht auf den Aufruhr ringsherum. Sind Pflanzen taub für den Lärm im Wald? Oder sind wir nur blind für ihre Reaktion?

Während verschiedene Formen von streng wissenschaftlicher Forschung dazu beigetragen haben, Licht auf jene Sinne von Pflanzen zu werfen, die wir bisher besprochen haben, gibt es nur wenige glaubwürdige und schlüssige Untersuchungen über die Reaktionen einer Pflanze auf Klang. Angesichts der reichhaltigen anekdotischen Informationen darüber, in welcher Weise sich Musik auf das Wachstum von Pflanzen auswirken könnte, überrascht das. Stutzen wir vielleicht erst einmal, wenn wir hören, dass Pflanzen riechen können, so überrascht die Vorstellung, dass Pflanzen hören können, anscheinend niemanden. Viele Geschichten kursieren darüber, wie gut Pflanzen in Räumen mit klassischer Musik gedeihen (allerdings behaupten manche Leute, dass erst Popmusik eine Pflanze richtig in Schwung bringt).[62] Typischerweise wird jedoch ein großer Teil der Forschung über Musik und Pflanzen von Schülern an *Elementary Schools* und von Amateurforschern durchgeführt, die nicht unbedingt auf Kontrollen Wert legen, wie sie in Laboren mit wissenschaftlichen Arbeitsmethoden üblich sind.[63] Und wenn Schlagzeilen andeuten, dass Pflanzen hören können (wie die folgende in der *New York Times*: »Geräuschvolle Fressfeinde versetzen laut Studie Pflanzen in Alarmbereitschaft«), stellt sich am Ende heraus, dass die echte Studie lediglich nachweist, dass Pflanzen auf die physischen Vibrationen der Insekten reagieren, nicht auf Schallwellen.[64] Aber eine kleine Anzahl von Berichten weist darauf hin, dass wir vielleicht schon bald erheblich mehr über das Hörvermögen von Pflanzen erfahren könnten.

Ehe wir uns der Frage zuwenden, ob Pflanzen tatsächlich hören können, wollen wir zunächst einmal das menschliche Hören besser verstehen lernen. Nach einer gebräuchlichen Definition ist Hören »die Fähigkeit, Schall über das Erfassen von Schwingungen durch ein Organ wie das Ohr wahrzunehmen«.[65] Schall ist ein Kontinuum von Druckwellen, die sich durch die Luft, durch Wasser oder durch feste Gegenstände wie eine Tür oder die Erde verbreiten. Diese Druckwellen werden dadurch ausgelöst, dass man etwas schlägt (wie etwa eine Trommel) oder eine wiederholte Schwingung auslöst (indem man z. B. eine Saite zupft), sodass die Luft in rhythmischer Weise komprimiert wird und diese Schwingungen sich als Druckwellen ausbreiten. Wir Menschen erfassen diese Schwingungen der Luft mittels einer speziellen Form von Mechanorezeption durch berührungsempfindliche Haarzellen in unserem Innenohr. Diese Haarzellen sind spezialisierte mechanosensorische Nerven mit haarähnlichen Fortsätzen namens Stereozilien, die sich biegen, wenn eine Schallwelle sie trifft.

Die Haarzellen in unseren Ohren übermitteln zwei Arten von Information: Lautstärke und Tonhöhe. Die Lautstärke wird bestimmt durch die Stärke oder Höhe der Schwingung, die das Ohr erreicht, von ihrer sogenannten Amplitude. Laute Geräusche haben eine hohe Amplitude, leise Geräusche eine niedrige. Je höher die Amplitude ist, desto stärker biegen sich die Stereozilien. Die Tonhöhe hingegen entsteht durch die *Frequenz* der Luftschwingung – sie hängt davon ab, wie oft pro Sekunde die Schwingung wahrgenommen wird, ganz gleich, welche Amplitude sie hat. Je höher die Frequenz der Welle, desto schneller biegen sich die Stereozilien vor und zurück und desto höher klingt der wahrgenommene Ton.*

* Schallwellen werden in Hertz (Hz) gemessen, wobei 1 Hz einem Wellenzyklus pro Sekunde entspricht. Wir Menschen können Schallwellen im Bereich zwischen 20 Hz bei tiefen Tönen und bis zu 20 000 Hz bei den höchsten Tönen hören. Die tiefste spielbare Note beim Kontrabass (das Kontra-E)

Wenn die Stereozilien der Haarzellen schwingen, lösen sie (wie auch andere Mechanorezeptoren, die wir im vorigen Kapitel kennengelernt haben) Aktionspotenziale aus. Über den Hörnerv werden diese ins Gehirn weitergeleitet, das die übertragenen Informationen in unterschiedliche Töne übersetzt. Das menschliche Gehör ist also das Ergebnis von zwei anatomischen Vorgängen: Die Haarzellen in unseren Ohren empfangen Schallwellen, und unser Gehirn verarbeitet diese Informationen weiter, damit wir auf unterschiedliche Töne reagieren können. Wenn nun Pflanzen ohne Augen Licht wahrnehmen können, können sie dann auch ohne Ohren Töne wahrnehmen?

ROCK-'N'-ROLL-BOTANIK

Zu irgendeiner Zeit war fast jeder einmal von der Idee fasziniert, dass Pflanzen auf Musik reagieren könnten. Sogar Charles Darwin (der, wie wir gesehen haben, seine bahnbrechenden Arbeiten über das Sehen und Fühlen der Pflanzen schon vor über 100 Jahren durchführte) hat untersucht, ob Pflanzen die Melodien mitbekamen, die er ihnen vor-

schwingt beispielsweise mit 41,2 Hz, während das hohe, viergestrichene E etwa auf einer Violine mit 2637 Hz schwingt. Das höchste C auf einem Klavier vibriert mit 4186 Hz, und das C zwei Oktaven darüber schwingt mit ungefähr 16000 Hz. Das Ohr eines Hundes reagiert auch noch auf Schallwellen über 20000 Hz (deshalb können wir Hundepfeifen nicht hören), und Fledermäuse können mit ihrem Echoortungssystem, mit dem sie sich in ihrer Umgebung zurechtfinden, sogar Schallwellen bis zu 100000 Hz aussenden und empfangen, wenn sie als Reflexionen zurückgeworfen werden. Am anderen Ende des akustischen Spektrums kann ein Elefant Laute *unter* 20 Hz hören und hervorbringen, die Menschen ebenfalls nicht wahrnehmen können.

spielte. Darwin spielte leidenschaftlich gerne Fagott, und in einem eher bizarren Versuch prüfte er die Wirkungen seines Fagottspiels auf das Wachstum der Pflanzen. Er untersuchte, ob sein Spiel eine Mimose dazu bringen konnte, die Blätter zu schließen. Dies war definitiv nicht der Fall – später nannte er seinen Versuch ein »närrisches Experiment«.[66]

Forschung, die sich mit den akustischen Fähigkeiten von Pflanzen befasst, ist seit Darwins gescheiterten Bemühungen nicht eben üppig gediehen. Hunderte wissenschaftlicher Artikel über die Reaktionen von Pflanzen auf Licht, Geruch und Berührung wurden allein im Jahr 2012 veröffentlicht, aber nur eine Handvoll in den letzten 25 Jahren befasste sich speziell mit der Reaktion von Pflanzen auf Töne; die meisten davon erfüllen nicht die Kriterien, die ich von einem Beweis für ein Hörvermögen bei Pflanzen fordern würde.

Ein (wenn auch eher komisches) Beispiel für solche Artikel wurde in der Zeitschrift *The Journal of Alternative and Complementary Medicine* veröffentlicht.[67] Er wurde von Gary Schwartz, Professor für Psychologie und Medizin, und Katherine Creath, Professorin für Optik, verfasst, die beide an der University of Arizona arbeiten, wo Schwartz das VERITAS Research Program gegründet hat.[68] Dieses Programm »testet die Hypothese, dass das Bewusstsein (oder die Persönlichkeit oder Identität) einer Person deren physischen Tod überlebt«. Offenkundig wirft die Erforschung des Bewusstseins nach dem Tod gewisse Schwierigkeiten bei der Versuchsanordnung auf, sodass Schwartz auch untersucht, ob es »heilende Energie« gibt.[69] Da menschliche Versuchsteilnehmer bei Studien stark durch die Macht der Suggestion beeinflussbar sind, setzten Schwartz und Creath stattdessen Pflanzen ein, um die »biologischen Wirkungen von Musik, Lärm und heilender Energie« aufzudecken.[70] Selbstverständlich sind Pflanzen nicht durch den Placebo-Effekt und soweit wir wissen auch nicht durch musikalische Vorlieben zu beeinflussen (sehr wohl aber die Forscher, die die Versuche durchführen und analysieren).

Schwartz und Creath stellten die These auf, dass heilende Energie und »sanfte« Musik (bestehend aus indianischer Flöte und Naturgeräuschen, die – wie vermerkt – der Versuchsleiter besonders mochte) zur Keimung von Samen führen würde.[*71] Sie erklärten, aus ihren Daten gehe hervor, dass unter dem Einfluss von sanfter Musik etwas mehr Zucchini- und Okrasamen keimen würden, als wenn Stille herrsche. Weiterhin stellten sie fest, dass die Keimungsrate auch infolge von Creaths Heilenergie steigen konnte, die sie mit den Händen auf die Samen übertrug.[**] Es versteht sich von selbst, dass diese Ergebnisse nicht durch Anschlussprojekte an anderen Pflanzenlaboren validiert wurden, aber eine der Quellen, die Creath und Schwartz zur Untermauerung ihrer

* Es ist interessant, dass sie »sanfte« Klänge wählten, da sie Pearl Weinberger von der University of Ottawa zitieren, die für ihre Untersuchungen in den 1960er- und 1970er-Jahren Ultraschallwellen einsetzte (die definitiv nicht sanft sind).

** Creath ist in VortexHealing ausgebildet, das sie als »göttliche Heilkunst und einen göttlichen Pfad zum Erwachen« bezeichnete: »Es zielt darauf ab, die Wurzeln des emotionalen Bewusstseins zu transformieren, den physischen Körper zu heilen und die Freiheit im Herzen des Menschen zu wecken. Das ist die Linie von Merlin.« Vgl. www.vortexhealing.com.

Ergebnisse zitierten, war Dorothy Retallacks Buch *The Sound of Music and Plants*.

Dorothy Retallack schildert sich selbst als »Ehefrau eines Arztes, Hausfrau und Großmutter von 15 Enkeln«[72] und schrieb sich 1964 am inzwischen nicht mehr existierenden Temple Buell College ein, nachdem ihr letztes Kind das College abgeschlossen hatte.[73] Retallack, eine professionelle Mezzosopranistin, die oft in Synagogen, Kirchen und Bestattungsunternehmen sang, wollte am Temple Buell College Musik im Hauptfach studieren. Sie belegte einen Einführungskurs in Biologie, um einen noch erforderlichen naturwissenschaftlichen Schein zu erwerben, und wurde von ihrem Dozenten gebeten, ein Experiment durchzuführen, von dem er vermutete, es würde sie interessieren. Die Verknüpfung des notwendigen Biologiekurses mit ihrer Liebe zur Musik führte dazu, dass Retallack ein Buch veröffentlichte, das zwar vom Mainstream der Wissenschaft verschmäht, aber von der Populärkultur rasch und bereitwillig aufgenommen wurde.

The Sound of Music and Plants bietet einen Einblick in das kulturpolitische Klima der 1960er-Jahre, macht aber auch Dorothy Retallacks Perspektive deutlich. Sie wirkt wie eine einzigartige Mischung aus einer sozial konservativen Frau, die glaubte, laute Rockmusik gehe Hand in Hand mit unsozialem Verhalten unter Studenten, und einer spirituellen New-Age-Anhängerin, die eine heilige Harmonie zwischen der Musik, der Physik und der ganzen Natur sah.

Retallack erklärte, sie sei von einem 1959 veröffentlichten Buch mit dem Titel *The Power of Prayer on Plants* fasziniert gewesen, in dem der Autor behauptet habe, dass Pflanzen,

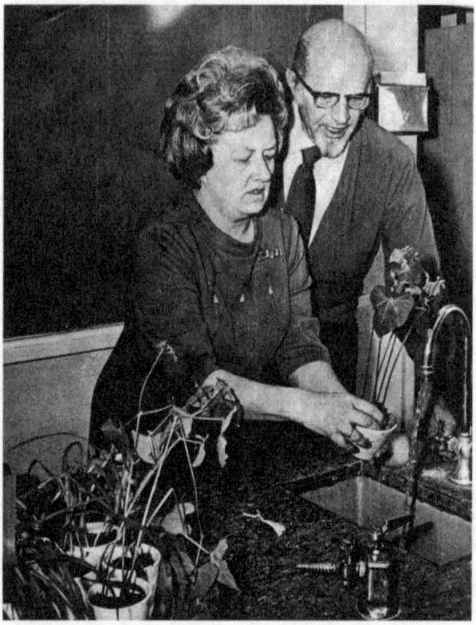

(19) Dorothy Retallack im Labor mit ihrem Berater Dr. Francis Broman.

für die man bete, prächtig gediehen, während solche, die man mit hasserfüllten Gedanken bombardiere, eingingen.[74] Retallack fragte sich, ob man ähnliche Effekte auch durch positive und negative Arten von Musik erzielen könnte (wobei natürlich ihr eigener Musikgeschmack darüber entschied, was positiv und was negativ war). Diese Frage war die Ausgangsbasis ihres Forschungsprojekts. Durch die Beobachtung des Einflusses verschiedener Arten von Musik auf das Wachstum von Pflanzen hoffte sie, ihren Zeitgenossen beweisen zu können, dass Rockmusik potenziell schädlich war – nicht nur für Pflanzen, sondern auch für Menschen.

Retallack setzte unterschiedliche Pflanzen (Philodendron, Mais, Geranien und Veilchen, um nur einige zu nennen – sie nahm für jeden Versuch eine andere Art) einer eklektischen

Mischung von Schallplattenaufnahmen aus, darunter Musik von Bach, Schönberg, Jimi Hendrix und Led Zeppelin, und beobachtete dann ihr Wachstum. Sie berichtete, dass die Pflanzen, denen man häufig sanfte klassische Musik vorspielte, gut gediehen (sogar wenn sie sie mit Muzak, der dezenten Fahrstuhlmusik, die wir alle kennen und lieben, beschallte), während diejenigen, die *Led Zeppelin II* oder *Band of Gypsys* ausgesetzt wurden, in ihrem Wachstum gehemmt wurden. Um zu zeigen, dass genau genommen der Trommelschlag von Leuten wie den legendären Drummern John Bonham und Mitch Mitchell den Pflanzen schadete, wiederholte Retallack ihre Versuche mit Aufnahmen derselben Alben, auf denen aber die Percussion ausgeblendet war.

Wie sie angenommen hatte, litten die Pflanzen weniger Schaden, als sie bei Beschallung mit der vollständigen Version von »Whole Lotta Love« und »Machine Gun« einschließlich der Trommeln davongetragen hatten. Konnte das bedeuten, dass die Pflanzen eine musikalische Vorliebe hatten, die sich mit dem Geschmack von Retallack deckte? Beunruhigender fand ich eine Frage, die sich mir ebenfalls aufdrängte, als mir dieses Buch erstmals begegnete, denn als Jugendlicher hatte ich beim Lernen grundsätzlich mit voll aufgedrehter Stereoanlage Led Zeppelin und Hendrix gehört: Konnten diese Ergebnisse bedeuten, dass auch ich Schaden erlitten hatte? Retallack schloss aus ihren Ergebnissen ja auch auf die Wirkung von Rockmusik auf Jugendliche.

Zum Glück für mich und die Heerscharen anderer Led-Zeppelin-Fans in der weiten Welt wiesen die Untersuchungen von Retallack zahlreiche wissenschaftliche Mängel auf.[75]

So wurde für alle Versuche jeweils nur eine sehr kleine Anzahl von Pflanzen verwendet (weniger als fünf). Die Anzahl der Wiederholungen war in ihren Untersuchungen so gering, dass sie für eine statistische Analyse nicht ausreichten. Auch die Versuchsanordnung überzeugte nicht – einige Experimente wurden im Haus einer Freundin gemacht, und Parameter wie die Feuchtigkeit der Erde wurden lediglich durch Kontrollen mit dem Finger geprüft. Zwar zitiert Retallack in ihrem Buch eine ganze Reihe von Experten, aber fast keiner von ihnen ist Biologe. Es sind Fachleute für Musik, Physik und Theologie, und zahlreiche Zitate stammen aus Quellen ohne wissenschaftliche Legitimation. Entscheidend ist jedoch die Tatsache, dass ihre Forschungen nicht in einem glaubwürdigen Labor wiederholt wurden.

Im Gegensatz zu Ian Baldwins anfänglichen Untersuchungen über die Kommunikation zwischen Pflanzen mittels flüchtiger chemischer Substanzen (dargestellt im zweiten Kapitel), die ursprünglich beim wissenschaftlichen Mainstream auf Widerstand stießen, später aber in zahlreichen Laboren verifiziert wurden, landeten Retallacks musikalische Pflanzen auf der Müllhalde der Wissenschaft. Zwar wurde über Retallacks Ergebnisse in einem Zeitungsartikel berichtet, aber alle ihre Versuche, sie in einer angesehenen wissenschaftlichen Zeitschrift unterzubringen, scheiterten, und ihr Buch wurde schließlich als New-Age-Literatur veröffentlicht. Das hat aber natürlich nicht verhindert, dass das Buch Eingang in den kulturellen Zeitgeist fand.

Retallacks Ergebnisse widersprachen auch einer wichtigen Studie, die 1965 veröffentlicht wurde.[76] Eines Tages beschlossen Richard Klein und Pamela Edsall, Wissenschaftler am botanischen Garten in New York, mithilfe mehrerer Tests herauszufinden, ob Pflanzen tatsächlich durch Musik zu beeinflussen sind. Sie reagierten damit auf Untersuchungen, die aus Indien kamen und postulierten, dass Musik bei einer ganzen Reihe von Pflanzen die Anzahl der Verzweigungen erhöhe, darunter auch bei der Studentenblume oder Samtblume *(Tagetes erecta)*. Klein und Edsall versuchten diese Untersuchungen zu wiederholen und beschallten Studentenblumen mit gregorianischem Gesang, Mozarts Symphonie Nr. 41 in C-Dur, »Three to Get Ready« von Dave Brubeck, »The Stripper« vom David Rose Orchestra sowie mit den Beatles-Songs »I Want to Hold Your Hand« und »I Saw Her Standing There«.

Klein und Edsall führten ihre Untersuchung unter strikten wissenschaftlichen Kontrollen durch und kamen zu dem Schluss, dass Musik das Wachstum der Studentenblumen

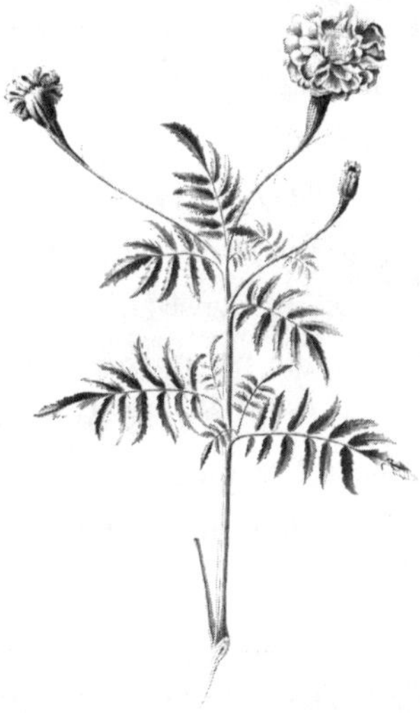

(20) Studenten- oder Samtblume *(Tagetes erecta)*.

nicht beeinflusste. In ihrem Bericht setzen sie auf Humor, um ihren generellen Unmut über Forschung dieser Art auszudrücken, und schreiben: »Der Einfluss von ›The Stripper‹ führte weder dazu, dass Blätter abfielen, noch konnten wir bei Pflanzen, die die Beatles hörten, irgendeine Nutation des Stängels beobachten.«*[77] Wie ist der Widerspruch zwischen diesen Ergebnissen und Retallacks späteren Studien zu erklären? Entweder hatten die Studentenblumen von Klein und Edsall einen anderen musikalischen Geschmack als die Pflanzen von Retallack, oder – was wahrscheinlicher ist – die großen methodischen und wissenschaftlichen Unstimmigkeiten in Retallacks Untersuchung führten zu unzuverlässigen Ergebnissen.

Nun wurde die Arbeit von Klein und Edsall zwar in einer angesehenen Fachzeitschrift veröffentlicht, blieb jedoch der Öffentlichkeit so gut wie unbekannt, und so wurde die nichtfachliche Presse der 1970er-Jahre dominiert von »Forschungsarbeit« auf der Linie von Retallack; ebenso durch das 1973 erschienene Buch *Das geheime Leben der Pflanzen* von Peter Tompkins und Christopher Bird, das mit dem Untertitel *Pflanzen als Lebewesen mit Charakter und Seele und ihre Reaktionen in den physischen und emotionalen Beziehungen zum Menschen* auf den Markt kam und Kultstatus erlangte.[78] In einem sehr lebendigen und wunderbar geschriebenen Abschnitt berichten die Autoren, dass Pflanzen nicht nur auf Bach und Mozart positiv reagieren, sondern sogar eine deutliche Vorliebe für die indische Sitarmusik von

* »Nutation« beschreibt eine schwankende oder kreisende, suchende Bewegung oder das Sichbiegen verschiedener Teile einer Pflanze.

Ravi Shankar haben.* Ein Großteil der Wissenschaft, die in *Das geheime Leben der Pflanzen* präsentiert wurde, beruhte auf subjektiven Eindrücken, die nur aufgrund einer kleinen Anzahl von Testpflanzen gewonnen wurden. Der namhafte Pflanzenphysiologe und Skeptiker Professor Arthur Galston brachte die Kritik auf den Punkt, als er 1974 schrieb: »Das Problem bei *Das geheime Leben der Pflanzen* ist, dass es fast ausschließlich aus bizarren Behauptungen besteht, die ohne angemessen stichhaltige Beweise aufgestellt werden.«[79] Das hat jedoch nicht verhindert, dass auch dieses Buch die moderne Kultur beeinflusst hat.

Sorgfältiges Durchforsten der wissenschaftlichen Literatur führt dazu, dass man überall in Artikeln, die eigentlich über andere Ergebnisse berichten, nebenbei auch Bemerkungen verstreut findet, die gegen die Idee sprechen, dass Pflanzen musikalische Vorlieben haben. Janet Braam erklärte in ihrem ursprünglichen Bericht über die Identifizierung der Berührungsgene *(TCH genes)*, dass sie überprüft hat, ob diese Gene außer durch physische Stimulierung auch durch Beschallung mit lauter Musik (die in ihrem Fall von den Talking Heads kam) aktiviert wurden.[80] Leider war das nicht der Fall. Ganz ähnlich berichtete der Forscher Peter Scott in *Physiology and Behavior of Plants* von einer Reihe von Versuchen, mit deren Hilfe man feststellen wollte, ob Mais von Musik beeinflusst wird, speziell von Mozarts *Sinfonia concertante* und *Bat Out of Hell* von Meat Loaf.[81] (Es ist erstaunlich, wie viel Versuche dieser Art über den musikalischen

* Auf einige der Mängel von Retallacks Untersuchungen wird auch in *Das geheime Leben der Pflanzen* hingewiesen.

Geschmack des jeweiligen Wissenschaftlers verraten können.) Beim ersten Experiment keimten die Samen, die Mozart oder Meat Loaf hörten, schneller als die Samen, um die es still blieb. Das wäre ein Pluspunkt für diejenigen, die behauptet haben, Musik beeinflusse Pflanzen, und ein Minuspunkt für jene, die Mozart für qualitativ besser halten als Meat Loaf.

Aber jetzt kommt die Bedeutung angemessener experimenteller Kontrollen ins Spiel. Das Experiment wurde fortgesetzt, aber diesmal blies ein kleiner Ventilator die möglicherweise von den Lautsprechern erwärmte Luft von den Samen weg. Bei dieser neuen Versuchsanordnung gab es keinen Unterschied mehr zwischen den Keimungsraten der Samen, um die es still war, und jener, die Musik zu hören bekamen. Die Wissenschaftler entdeckten vielmehr, dass die Lautsprecher, aus denen die Musik kam, bei der ersten

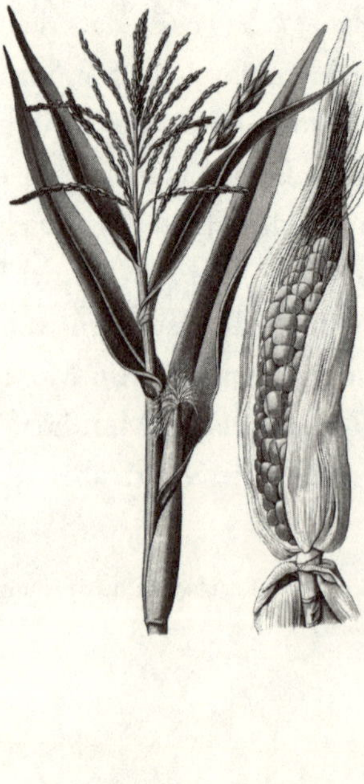

(21) Mais
(Zea mays).

Versuchsreihe offensichtlich Wärme abgegeben hatten, die die Keimungsrate erhöht hatte. Der entscheidende Faktor war also die *Wärme*, nicht die Musik von Mozart oder Meat Loaf.

Blicken wir mit den Augen des Skeptikers erneut auf die Schlussfolgerung von Retallack, dass die kraftvollen Trommelschläge der Rockmusik für die Pflanzen (und auch für Menschen) schädlich seien. Könnte es noch eine andere, wissenschaftlich haltbare Erklärung dafür geben, dass laute Trommeln eine negative Wirkung auf Pflanzen haben? Wie im letzten Kapitel beleuchtet, haben tatsächlich sowohl Janet Braam als auch Frank Salisbury eindeutig gezeigt, dass schon allein eine mehrmalige Berührung von Pflanzen genügt, dass sie kleiner bleiben und verkümmern oder sogar eingehen. Es ist also denkbar, dass die lauten Perkussionsinstrumente beim Rock dann, wenn sie durch geeignete Lautsprecher dröhnen, zu derart starken Schallwellen führen, dass die Pflanzen selbst vibrieren, buchstäblich vor und zurück »gerockt« werden und wie in einem Sturm wackeln. Bei einem solchen Szenario wäre zu erwarten, dass die Pflanzen, die Led Zeppelin hören, mit reduziertem Wachstum reagieren, wie von Retallack berichtet. Vielleicht geht es jedoch nicht darum, dass die Pflanzen keine Rockmusik mögen, sondern darum, dass sie nicht geschüttelt werden möchten.

Bis zum gegenteiligen Beweis sieht es also leider so aus, als sprächen alle Fakten dafür, dass Pflanzen »taub« sind, wenn es um Musik geht. Das wiederum ist interessant, denn Pflanzen enthalten einige jener Gene, von denen man weiß, dass sie beim Menschen Taubheit verursachen.

TAUBHEITSGENE

Das Jahr 2000 war ein entscheidendes Jahr für die Wissenschaften, die sich mit Pflanzen befassen, denn in diesem Jahr erfuhren Wissenschaftler auf der ganzen Welt die Sequenz des gesamten Genoms von *Arabidopsis thaliana*, die überall auf großes Interesse stieß. Über 300 Forscher hatten an Universitäten und in Biotechnologiefirmen über vier Jahre daran gearbeitet, die Reihenfolge der etwa 120 Millionen Nukleotide zu bestimmen, aus denen die DNA der *Arabidopsis* oder Kleinen Ackerschmalwand besteht.[82] Die Kosten dafür lagen bei fast 70 Millionen Dollar. (Diese hohe Summe und die kollektive Anstrengung, die für dieses Projekt erforderlich waren, kann man sich gar nicht mehr vorstellen, denn die Technik hat sich so rasant weiterentwickelt, dass heute ein einziges Labor ein *Arabidopsis*-Genom in etwas mehr als einer Woche sequenzieren kann und dafür nur weniger als 0,1 Prozent der einstigen Kosten aufwenden muss.)

Arabidopsis wurde 1990 von der National Science Foundation als erste Pflanze ausgewählt, deren Genom entschlüsselt werden sollte, weil sie dank einer Laune der Evolution im Vergleich zu anderen Pflanzen über relativ wenig DNA verfügt. Zwar besitzt *Arabidopsis* fast die gleiche Anzahl von Genen wie die meisten Pflanzen und Tiere (nämlich 25 000), aber sie enthält sehr wenig jenes Typs DNA, den man nichtcodierende DNA nennt, was die Bestimmung der Sequenz relativ einfach machte. Nichtcodierende DNA findet sich im ganzen Genom: zwischen den Genen, an den Enden von Chromosomen und sogar innerhalb der Gene. Ein Gefühl für die Größenordnungen vermittelt der folgende Vergleich: Während *Arabidopsis* etwa 25 000 Gene in 120 Millionen Nukleotiden besitzt, hat Weizen dieselbe Anzahl von Genen in 16 *Milliarden* Nukleotiden (und Menschen haben in 2,9 Milliarden Nukleotiden etwa 22 000 Gene, also weniger als die kleine *Arabidopsis*).* Dank ihres kleinen Genoms, ihrer geringen Größe und ihrer kurzen Reproduktionszeit wurde die Ackerschmalwand zur meistuntersuchten Pflanze des späten 20. Jahrhunderts, und die Forschung über den verbreiteten Kreuzblütler hat zu wichtigen Durchbrüchen in vielen Bereichen geführt. Fast alle 25 000 Gene der Ackerschmalwand treten auch bei Pflanzen auf, die für die Landwirtschaft und die Ökonomie relevant sind, etwa bei Kartoffeln und Baumwolle. Das heißt, dass jedes Gen, das bei der Ackerschmalwand identifiziert wird (beispielsweise ein Gen für Resistenz gegen eine bestimmte Bakterienart, die Pflanzen befällt), anschließend in eine Feldfrucht eingebaut werden könnte, um ihren Ertrag zu steigern.

Die Sequenzierung des Genoms von *Arabidopsis* und Mensch führte zu vielen überraschenden Entdeckungen. Für die Diskussion in diesem Buch am bedeutsamsten ist die Feststellung, dass im Genom von *Arabidopsis* gar nicht wenige Gene gefunden wurden, von denen man weiß, dass sie beim Menschen eine Rolle für Krankheiten und Behinderungen spielen.[83] (Umgekehrt enthält das menschliche Genom mehrere Gene, von denen man weiß, dass sie eine

* Diese Zahlen sind als Näherungswerte zu verstehen, da die genaue Definition von »Gen« noch in der Entwicklung ist und mit ihr die Zahlen schwanken. Aber Trend und Größenordnungen sind korrekt.

Rolle für die Entwicklung von Pflanzen spielen, etwa eine Gruppe von Genen namens COP9-Signalosome, die die Reaktion von Pflanzen auf Licht regeln helfen.)[84] Bei der Entschlüsselung der DNA-Sequenz der *Arabidopsis* entdeckten Wissenschaftler, dass das Genom *BRCA*-Gene enthält (die bei erblichem Brustkrebs eine Rolle spielen), das *CFTR*-Gen (das für Mukoviszidose, auch zystische Fibrose genannt, verantwortlich ist) und auch eine Reihe von Genen, die an Hörbehinderungen beteiligt sind.

Hier muss ein wichtiger Unterschied betont werden: Zwar werden Gene häufig nach Krankheiten *benannt*, mit denen sie zusammenhängen, das heißt aber nicht, dass sie die Krankheit oder Behinderung *verursachen*. Eine solche Krankheit tritt auf, wenn ein Gen nicht richtig funktioniert, weil eine Mutation aufgetreten ist, also eine Veränderung in der Sequenz der Nukleotide, aus denen das Gen besteht. Zur Auffrischung unseres Grundwissens über die menschliche Biologie wollen wir uns erinnern, dass unser DNA-Code aus nur vier verschiedenen Nukleotiden besteht, die mit A, T, C und G abgekürzt werden. Die spezifische Kombination dieser Nukleotide stellt den Code für unterschiedliche Proteine bereit. Eine Mutation oder Auslassung einiger Nukleotide kann den Code in katastrophaler Weise verändern. Die *BRCA*-Gene sind Gene, die, wenn sie durch Mutation oder Zertrennen einen Defekt erleiden, Brustkrebs verursachen können. Unter normalen Umständen spielen diese Gene eine Schlüsselrolle bei der Frage, woher Zellen wissen, wann sie sich teilen sollen. Wenn die *BRCA*-Gene nicht normal funktionieren, teilen sich die Zellen zu häufig, und das kann zu Krebs führen. Ein defektes *CFTR*-Gen wiederum verursacht Mukoviszidose, reguliert im intakten Zustand aber den Transport von Chlorid-Ionen durch die Zellmembran. Wenn dieses Protein nicht richtig funktioniert, wird der Transport der Chlorid-Ionen in die Lunge (und andere Organe) blockiert, was zu einer Ansammlung von dickem Schleim führt, die sich klinisch als Atemwegserkrankung manifestiert.

Die Namen dieser Gene haben also nichts mit ihren *biologischen Funktionen* zu tun, sondern nur mit dem, was klinisch aus ihnen entstehen kann. Was haben nun diese Gene bei Grünpflanzen für Aufgaben? Das *Arabidopsis*-Genom enthält *BRCA, CFTR* und mehrere hundert andere Gene, die mit menschlichen Krankheiten oder Beeinträchtigungen zusammenhängen, weil sie für die elementare Zellbiologie essenziell sind. Diese wichtigen Gene hatten sich bereits vor rund 1,5 Milliarden Jahren in dem einzelligen Organismus herausgebildet, der der gemeinsame evolutionäre Vorfahr von Pflanzen, Tieren und Menschen war. Natürlich stören Mutationen dieser menschlichen »Krankheitsgene« auch bei der *Arabidopsis* die Funktion der Pflanze. Beispielsweise bewirken Mutationen in den Brustkrebsgenen bei *Arabidopsis*, dass ihre Stammzellen sich häufiger als normale Zellen teilen und die ganze Pflanze hypersensitiv für Bestrahlung wird. Beide Faktoren sind auch Merkmale für Krebs beim Menschen.[85]

Aus diesem Blickwinkel wird auch klar, was ein »Taubheitsgen« ist: ein Gen, das – wenn es mutiert – beim Menschen zur Taubheit führt. In verschiedenen Laboren auf der ganzen Welt wurden über 50 »Taubheitsgene« beim Menschen identifiziert, und mindestens zehn davon treten auch bei der *Arabidopsis* auf. Aber das Auftauchen von »Taubheitsgenen« im Genom der Ackerschmalwand heißt noch lange nicht, dass die Pflanze nicht hören kann, ebenso wenig wie das Auftreten von *BRCA* bei der Ackerschmalwand bedeutet, dass Pflanzen Brüste haben. Die menschlichen »Taubheitsgene« haben eine Zellfunktion, die nötig ist, damit das Ohr richtig arbeitet, und wenn eines dieser Gene eine Mutation enthält, ist die Folge ein Hörverlust.

Vier der *Arabidopsis*-Gene, die mit dem Hören zu tun haben, codieren für sehr ähnliche Proteine, die Myosine heißen. Myosine nennt man Motorproteine, weil sie als »Nanomotoren« dienen, die verschiedene Proteine und Organellen buchstäblich in der Zelle herumtragen und bewegen.* Eines der Myosine, das beim Hören eine Rolle spielt, ist Teil der Haarzellen des Innenohrs. Wenn in diesem Myosin eine Mutation auftritt, werden die Haarzellen nicht richtig gebildet, und dann reagieren sie nicht auf Schallwellen. In der Pflanzenwelt finden wir haarähnliche Fortsätze an den Wurzeln, die den passenden Namen »Wurzelhärchen« tragen und den Wurzeln dabei helfen, Wasser und Mineralstoffe aus der Erde aufzunehmen. Wenn eine Mutation in einem der vier »Myosin-Taubheitsgene« von *Arabidopsis* auftritt, werden die Wurzelhärchen nicht lang genug, und die Pflanzen können weniger gut Wasser aus der Erde aufnehmen.[86]

Myosin und andere Gene, die man sowohl bei Pflanzen als auch bei Menschen findet, haben auf der Zellebene ähnliche

* Die folgende Webseite illustriert Myosin in Aktion: www.sci.sdsu.edu/movies/actin_myosin_gif.html.

Funktionen. Aber wenn man alle Zellen zusammennimmt, ist die Funktion für den jeweiligen Organismus verschieden: Wir Menschen brauchen Myosin, damit die Haarzellen in unserem Innenohr richtig funktionieren, also letztlich, um hören zu können; Pflanzen brauchen Myosin, damit ihre Wurzelhaare richtig funktionieren und sie sich Wasser und Nährstoffe aus der Erde holen können.

SIND PFLANZEN TAUB? ODER HÖREN SIE NUR ANDERS?

Der große Evolutionsbiologe Theodosius Dobzhansky hat geschrieben: »Nichts in der Biologie ergibt Sinn, es sei denn im Lichte der Evolution.« Ernsthafte und solide Studien sind zu dem Ergebnis gekommen, dass die Klänge von Musik für eine Pflanze irrelevant sind, und das ist unter der Perspektive der Evolution betrachtet auch sinnvoll. Zweihundert Jahre klassische Musik und fünfzig Jahre Rock 'n' Roll sind in der Evolutionsgeschichte der Pflanzen nur ein Augenblick.

Der evolutionäre Vorteil der Hörfähigkeit besteht bei Menschen und Tieren darin, uns vor potenziell gefährlichen Situationen warnen zu können. Unsere Vorfahren konnten hören, wenn ein gefährliches Raubtier sich im Wald an sie anschleichen wollte. Genauso nehmen wir die leisen Schritte eines Menschen wahr, der uns spät nachts in einer schlecht beleuchteten Straße folgt. Wir hören den Motor eines herannahenden Autos. Das Hören ermöglicht auch schnelle Kommunikation zwischen Menschen und Tieren. Elefanten finden einander über weite Distanzen hinweg, indem sie niederfrequente Infraschallwellen erzeugen, die sich meilenweit ausbreiten. Eine Delfinschule kann ein im Meer verirrtes Jungtier wiederfinden, weil es seine Notlage durch zirpende Laute kundtut. Und Kaiserpinguine benutzen individuelle Rufe, um ihre Partner zu finden. Gemeinsam ist all diesen Situationen, dass der Klang die schnelle Übermittlung von Information und eine Reaktion ermöglicht, die oft in einer Bewegung besteht – vor einem Feuer fliehen, vor einem Angriff weglaufen, Familienmitglieder aufsuchen.

Wie wir gesehen haben, sind Pflanzen sesshafte Organismen, die von ihren Wurzeln im Boden festgehalten werden. Zwar können sie der Sonne entgegenwachsen und sich dem Zug der Schwerkraft folgend biegen, aber sie können nicht fliehen. Sie wechseln auch nicht je nach Jahreszeit den Standort. Sie bleiben in einer sich ständig verändernden Umgebung fest verankert. Pflanzen agieren auch in einem anderen Zeitrahmen als Tiere. Ihre Bewegungen sind, abgesehen von auffallenden Ausnahmen wie bei Mimosen und der Venusfliegenfalle, sehr langsam und vom menschlichen Auge nicht leicht zu beobachten.

Aber gibt es Geräusche, auf die reagieren zu können zumindest theoretisch für eine Pflanze von Vorteil sein könnte? Lilach Hadany, Professorin für Theoretische Biologie an der Universität Tel Aviv, nutzt mathematische Modelle, um die Evolution zu studieren. Sie meint, dass Pflanzen durchaus auf Töne reagieren, wir aber die richtigen Experimente, mit denen wir diese Reaktionen aufspüren können, erst noch entwerfen müssen. Tatsächlich ist das Fehlen eines experimentellen Nachweises nicht gleichbedeutend mit einem negativen Ergebnis. Nach Hadanys Ansicht müssten wir eine Studie konzipieren, in der wir ein Geräusch aus der natürlichen Umgebung der Pflanze einsetzen, von dem bekannt ist, dass es einen spezifischen pflanzlichen Prozess beeinflusst. Wenn Wissenschaftler die Reaktion von Pflanzen auf Schallwellen untersuchen wollen, müssen sie sich überlegen, welche physiologisch relevanten Geräusche es gibt, deren Wahrnehmung einer Pflanze einen evolutionären Vorteil verschaffen würde. Solche Geräusche müssten entweder Hinweise darauf liefern, wo es Ressourcen gibt, wie etwa Wasser, oder die Pflanze beispielsweise darauf vorbereiten, dass gleich eine schädliche oder nützliche Interaktion mit einem Bestäuber oder Pflanzenfresser stattfinden wird.

Erst in den letzten Jahren hat man versucht, solche Reaktionen zu identifizieren. Monica Gagliano, die eine Forschungsprofessur an der University of Western Australia innehat, Professor Stefano Mancuso, Direktor des *International Laboratory of Plant Neurobiology* an der Universität Florenz und weitere Kollegen versuchen, sowohl eine theoretische als auch eine praktische Grundlage für ein Gebiet zu erarbeiten, das sie »Pflanzenbioakustik« nennen. In einer 2012 veröffentlichten Studie[88] berichteten sie, dass sich Wurzelspitzen deutlich zu einer Geräuschquelle hin krümmten, deren Wellenlänge von Wasser übertragenen Vibrationen ähnlich ist. Das würde implizieren, dass Wurzeln neue Wasserquellen dadurch auftun könnten, dass sie *lauschen,* ob irgendwo Wasser fließt! Tatsächlich wies Gaglianos Gruppe kürzlich nach, dass Erbsenpflanzen ihre Wurzeln in die Richtung von fließendem Wasser wachsen lassen.[89]

Diese Ergebnisse können helfen, Phänomene zu erklären, die Bauingenieure seit Jahrzehnten kennen: dass Baumwurzeln häufig um Wasser- und Abwasserleitungen herum wachsen und auch in sie eindringen, was riesige materielle und finanzielle Schäden verursacht.[90] Während Ingenieure und Wissenschaftler bisher vorwiegend annahmen, dass die Wurzeln von Wasser angezogen wurden, das aus undichten Stellen in den Leitungen austrat, eröffnen die Ergebnisse von Monica Gagliano die Möglichkeit, dass die Wurzeln vom *Geräusch* des Wassers angezogen werden, das in den Leitungen fließt.

Ein weiteres relevantes Geräusch könnte das Summen von Bienen (engl. *buzz*) sein. Bei einem Prozess, den man Vibrationsbestäubung (engl. *buzz pollination*) nennt, stimulieren Hummeln eine Blume dazu, ihren Pollen herauszuschütteln, indem sie schnell mit den Flugmuskeln vibrieren, ohne dabei mit den Flügeln zu schlagen, was zu einer hochfrequenten Vibration führt. Diese Vibration kann man hören (wir nehmen sie als Summen wahr, wenn eine Biene oder Hummel vorbeifliegt), aber für die Pollenausschüttung ist ein physischer Kontakt zwischen der vibrierenden Hummel und der Blume nötig. Genau wie taube Menschen Vibrationen in der Musik spüren und auf sie reagieren können, fühlen Blumen die Vibrationen der Hummeln und reagieren auf sie, ohne sie deshalb notwendigerweise zu *hören*. Dennoch ist vorstellbar, dass das Geräusch der Vibrationen die Pflanze ebenfalls in einer noch nicht entdeckten Weise beeinflusst.

Lilach Hadany und ihre Kollegen haben sich daran gemacht, diese Möglichkeit zu testen. Wie wir wissen, hängen die allermeisten Blütenpflanzen von tierischen Bestäubern ab, um sich vermehren zu können. Pflanzen nutzen Signale wie Farbe, Duft und Form, um Bestäuber anzulocken, und belohnen die Bestäuber mit Nektar und Pollen. Könnte es sein, dass ein Bestäuber sich stärker von einer Pflanze angezogen fühlt, die ihm Nektar einer höheren Qualität bietet, so wie wir uns von Weingütern angelockt fühlen, die Weine höherer Qualität erzeugen? Andererseits ist es aufwändig und eine Verschwendung, ein Produkt von hoher Qualität herzustellen, wenn kein Bestäuber (und kein Weinliebhaber) in der Nähe ist. Wer will schon einen erlesenen Wein keltern, wenn keiner da ist, der ihn trinken möchte? Wenn eine Pflanze die Herstellung von besonders gutem Nektar auf den Zeitpunkt legen könnte, zu dem ein Bestäuber in der Nähe ist, wäre das ein Vorteil für sie. Vielleicht könnte das Geräusch des Flügelschlags fliegender Bestäuber ein Signal sein, das Blumen dazu bringt, ihren besten Nektar zu machen.

Für eine interdisziplinäre Studie, an der ich die Ehre hatte, beteiligt zu sein, tat sich Lilach Hadany mit einem der führenden Fledermausspezialisten der Welt, Professor Yossi Yovel, und mit dem Pflanzenökologen Dr. Yuval Sapir zusammen, um herauszufinden, ob Pflanzen auf die Geräusche der Insekten reagieren können, die ihre Blüten besuchen und bestäuben.[91] Wir machten unsere Studie an der Zwerg-Nachtkerze. Diese Nachtkerze ist in den Küstengebieten von Kalifornien und Oregon beheimatet und auch an der Mittelmeerküste von Israel. Wie schon ihr Name sagt, öffnet sie ihre Blüten am Abend, dann besuchen Schwärmer und Bienen die Blüten, um den sehr süßen Nek-

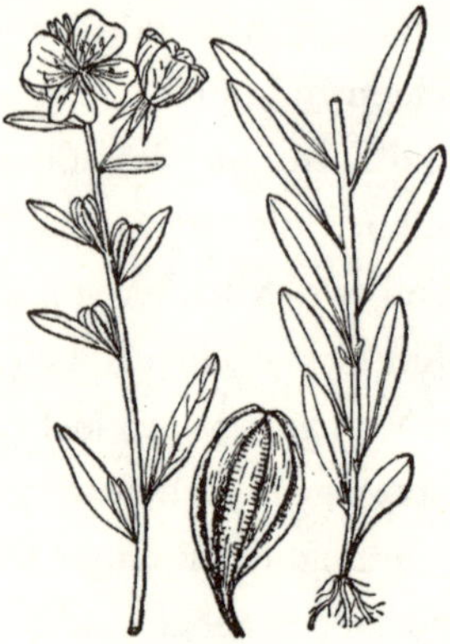

(22) Zwerg-Nachtkerze *(Oenothera perennis)*.

tar zu trinken, und transportieren dabei Pollen von einer Blüte zur anderen.

Yossi Yovel, der Physik studiert hat, benutzte die hochmodernen Tonaufnahme- und Wiedergabemöglichkeiten in seinem Studio für Fledermaus-Orientierung, um die Geräusche der Flügelbewegungen von Schwärmern und Bienen aufzunehmen. Diese Geräusche spielten wir Pflanzen vor und untersuchten dann ihren Nektar. Zu unserer Freude produzierten Pflanzen, die die Geräusche der Bestäuber zu hören bekamen, zuckerhaltigeren Nektar als Pflanzen, um die es still blieb.

Nun zeigen diese Ergebnisse zwar, dass eine Strand-Nachtkerze rasch auf ein spezifisches, ökologisch relevantes Geräusch reagieren kann, aber sie lassen die Frage offen, welcher Teil der Pflanze eigentlich die Schallwellen wahrnimmt. In anthropomorpher Sprache ausgedrückt: Wo ist das Ohr? Bis jetzt wissen wir das einfach nicht, und wir verstehen auch nicht, wie die Pflanze das akustische Signal so in ihre Zellen übersetzt, dass die Qualität des Nektars beeinflusst wird. Eine ganz neue Arbeit aus dem Labor von Professor Hanhong Bae und seiner Gruppe an der Yeungnam University in Südkorea weist darauf hin, dass zumindest bei *Arabidopsis* Schallwellen zu Veränderungen in der Genexpression führen können.[92] Aber wir sind noch weit davon entfernt, zu verstehen, wie akustische Signale die Pflanzenphysiologie beeinflussen. Die genauen Antworten auf diese Fragen werden leider warten müssen, bis weitere Studien gemacht werden.

Diese Forschung eröffnet die Möglichkeit, dass Pflanzen in vielfältiger Weise auf eine Reihe unterschiedlicher Geräusche reagieren, dass wir jedoch an der falschen Stelle gesucht haben.

Richtig rätselhaft wird es, wenn man bedenkt, dass Pflanzen auch Geräusche *erzeugen*. Roman Zweifel und Fabienne Zeugin von der Universität Bern haben von Vibrationen im Ultraschallbereich berichtet, die in einer Trockenperiode von Kiefern und Eichen ausgingen. Diese Vibrationen sind die Folge von Veränderungen im Wassergehalt in den wasserleitenden Gefäßen des Xylems. Gagliano und Mancuso berichteten von »Klickgeräuschen«, die von jungen Maiswurzeln ausgehen. Zwar sind diese Geräusche das passive Ergebnis physikalischer Kräfte (genau wie das Geräusch eines Felsbrockens, der von einer Klippe abbricht), aber vielleicht haben sie auch einen Wert für die Anpassung. Könnten die Ultraschall-Vibrationen von anderen Bäumen als Signal wahrgenommen werden, sich auf die Trockenheit vorzubereiten? Enthalten die Klickgeräusche der Maiswurzeln Information?

Wenn ja, weist das auf die Möglichkeit hin, dass Pflanzen

nicht nur auf akustische Signale reagieren können, sondern vielleicht auch selbst welche erzeugen! Anders gesagt könnte es sein, dass Pflanzen *vokalisieren.*

Hier geht eindeutig mehr vor sich, als wir uns je hätten vorstellen können. Wenn ich vor fünf Jahren in der ersten Auflage dieses Buches geschrieben habe: »Pflanzen sind seit Hunderten von Millionen Jahren auf der Erde bestens gediehen, und die beinahe 400 000 Pflanzenarten haben alle Lebensräume erobert, ohne je einen Ton zu hören«, muss ich jetzt meine Position revidieren; Pflanzen reagieren vielleicht tatsächlich auf akustische Signale.

Das ist die Stärke der wissenschaftlichen Methodik und das, was Wissenschaft von Pseudowissenschaft trennt. Pseudowissenschaft sucht Bestätigungen, während die Wissenschaft Falsifikation sucht.[93] Als Wissenschaftler erkenne ich klar und deutlich, dass meine Hypothesen und Schlussfolgerungen bestenfalls vorläufig sind und durchaus von künftigen Studien wieder umgestoßen werden können. Der Pseudowissenschaftler hingegen ist davon überzeugt, dass sich seine Schlussfolgerungen als wahr erwiesen haben. Ein Pseudowissenschaftler wird sich von Ergebnissen, die den seinen widersprechen, nicht von seiner Meinung abbringen lassen. Dass wir sehr viele Dinge noch nicht verstehen, heißt nicht, dass es nicht doch eine wissenschaftliche Erklärung gibt, die nur der Entdeckung durch den richtigen Versuch harrt. So wird in einer Reihe von Berichten behauptet, dass unterschiedliche Schallwellen die Erträge mehrerer Arten von Feldfrüchten steigern. Aber die Biologie hinter dieser landwirtschaftlichen Nutzung von Schallwellen ist noch unklar. Die Studien, die ich hier angeführt habe, deuten darauf hin, dass wir kurz davor stehen, die Reaktionen von Pflanzen auf Schallwellen besser zu verstehen.

Nachdem wir nun die fünf Hauptsinne besprochen haben, wollen wir den sechsten Sinn untersuchen, der Pflanzen ermöglicht, genau wahrzunehmen, wo sie sind, in welche Richtung sie wachsen und wie sie sich bewegen.

WOHER EINE PFLANZE WEISS, WO SIE IST

Ich habe noch nie einen unzufriedenen Baum gesehen. Bäume umfassen den Boden, als liebten sie ihn, und obwohl sie fest verwurzelt sind, reisen sie so weit wie wir. Bei jedem Windstoß bewegen sie sich in alle Richtungen, kommen und gehen wie wir, reisen mit uns zwei Millionen Meilen am Tag um die Sonne und weiß der Himmel, wie schnell und wie weit durch den Raum!

John Muir

Triebe wachsen nach oben; Wurzeln wachsen nach unten. Das erscheint uns einfach genug, aber woher wissen Pflanzen, wo oben ist? Vielleicht meinen Sie, das liege am Sonnenlicht – aber wenn Licht für eine Pflanze das Hauptsignal für oben ist, woher soll sie dann in der Nacht wissen, wo oben ist? Oder wenn sie noch ein Samenkorn ist, das unter der Erdoberfläche keimt? Vielleicht denken Sie auch, dass »unten« mit der Berührung von dunkler, feuchter Erde zu tun hat. Aber die Luftwurzeln der Banyan- und Mangrovenbäume wachsen ebenfalls immer nach unten, obwohl sie mehrere Meter hoch in der Luft beginnen.

Wissenschaftler haben gezeigt, dass eine Pflanze, die man

auf den Kopf stellt, sich im Zeitlupentempo neu orientiert – wie eine Katze, die sich bei einem Fall in die richtige Position dreht, ehe sie landet –, sodass die Wurzeln abwärts und die Triebe aufwärts wachsen.* Und Pflanzen wissen nicht nur, wann sie auf dem Kopf stehen, vielmehr haben Experimente bewiesen, dass sie auch ständig der Position ihrer Zweige gewahr sind; sie wissen, ob sie senkrecht zur Erde wachsen oder schräg zu einer Seite hin, und Ranken haben immer eine recht zutreffende Vorstellung davon, wo sie die nächste Stütze finden, um die sie sich wickeln können. Denken Sie nur an den Teufelszwirn, der *Kreise* in der Luft beschreibt, solange er nach einer geeigneten Wirtspflanze sucht. Aber woher weiß eine Pflanze wirklich, wo sie sich im Raum befindet? Woher wissen wir Menschen es?

Wir selbst wissen es aufgrund unseres sechsten Sinnes. Im Gegensatz zum Volksglauben ist der sechste Sinn nicht etwa eine außersinnliche Wahrnehmung, sondern die Propriozeption (auch Propriorezeption) oder Eigenwahrnehmung. Dank der Propriozeption wissen wir, wo sich unsere verschiedenen Körperteile im Verhältnis zueinander befinden, ohne dass wir hinschauen müssen. Während unsere anderen Sinne nach außen orientiert sind, damit wir Signale wie Licht, Geruch und Geräusche von externen Quellen wahrnehmen können, liefert uns die Propriozeption ausschließlich Informationen, die auf dem inneren Zustand

* Der Clip unter der Adresse http://phytomorph.wisc.edu/assets/movies/gravitropism.swf zeigt einen Zeitraffer-Film von einer Wurzel, die man auf die Seite legt und die sich langsam, aber sicher dreht, um wieder abwärts zu wachsen. Andere, sehr anschauliche Filme finden sich unter http://plantsinmotion.bio.indiana.edu.

des Körpers beruhen. Sie ermöglicht es Ihnen, beim Gehen Ihre Beine in koordinierter Weise zu bewegen, Ihren Arm zu schwingen, damit Sie einen Baseball erwischen, und sich im Nacken zu kratzen, wenn es dort juckt. Ohne Eigenwahrnehmung wäre eine einfache Tätigkeit wie das Zähneputzen praktisch unmöglich.

Aber diesen sechsten Sinn beachten wir normalerweise wenig, solange wir ihn nicht verlieren. Wenn Sie jemals durch Alkoholgenuss angeheitert waren, haben Sie eine geschwächte Eigenwahrnehmung erlebt. Aus diesem Grund benutzt die Polizei einen Praxistest für Nüchternheit, wenn sie einen Fahrer im Verdacht hat, er sei betrunken: Der Test besteht in einfachen Aufgaben zur Koordination von Hand und Auge und verrät sehr schnell, wer eine eingeschränkte Propriozeption hat und wer nicht. Wenn Sie nüchtern sind, fällt es Ihnen leicht, mit geschlossenen Augen die eigene Nase zu berühren. Doch schon Leute, die nur leicht angetrunken sind, finden diesen Test erheblich schwerer.

Die Propriozeption versteht man intuitiv weniger als die anderen Sinne, weil sie kein eigenes Organ hat, dem sie eindeutig zugeordnet ist. Das Sehen erfolgt mit den Augen, das Riechen mithilfe der Nase und das Hören mit den Ohren. Sogar die taktile Wahrnehmung mittels der Hautnerven kann man noch leicht nachvollziehen. Propriozeption jedoch erfordert den koordinierten Input von Signalen aus dem Innenohr, das über das Gleichgewicht Auskunft gibt, und anderen Signalen von spezifischen Nerven im ganzen Körper, die uns unsere Position mitteilen.

Neben den Innenohrstrukturen, die für das Hören notwendig sind, liegt ein komplexes System von sehr kleinen

Kammern, die man Bogengänge und Vestibulum nennt und die zusammenarbeiten, um die Position des Kopfes fühlbar zu machen. Die drei Bögen liegen im rechten Winkel zueinander und bilden eine Struktur, die einer dreidimensionalen Brezel ähnelt. Ihre Gänge sind mit Flüssigkeit gefüllt. Wenn wir die Position unseres Kopfes ändern, bewegt sich diese Flüssigkeit. Sensorische Nerven an der Basis eines jeden Gangs werden durch die Bewegungen der Flüssigkeit stimuliert, und da die Gänge in drei verschiedenen Ebenen angeordnet sind, können sie auf Bewegungen in allen drei räumlichen Dimensionen reagieren. Auch das Vestibulum ist mit Flüssigkeit gefüllt und enthält sowohl Haarzellen als auch Otolithen (Ohrsteine), winzige kristalline Steinchen, die als Reaktion auf die Schwerkraft nach unten sinken und dadurch zusätzlichen Druck auf die Haarzellen im Vestibulum ausüben (und sie somit stimulieren). Das informiert uns darüber, ob unsere Position senkrecht oder horizontal ist oder ob wir auf dem Kopf stehen. Der Druck der Otolithen auf die Nerven an verschiedenen Stellen des Vestibulums hilft uns, oben und unten zu unterscheiden. Diese Funktion gerät in manchen Fahrgeschäften auf einem Rummelplatz ins Schleudern, wenn die Otolithen so herumgewirbelt werden, dass wir jegliches Gefühl für die Richtung verlieren.

Während das Innenohr uns hilft, das Gleichgewicht zu wahren, sorgen die propriozeptiven Nerven im ganzen Körper dafür, dass alles koordiniert bleibt, und die propriozeptiven Rezeptoren informieren unser Gehirn über die Position unserer Gliedmaßen. Diese Nerven unterscheiden sich von den Berührungsnerven, die auf Druck oder Schmerz reagieren und tief in unserem Körper in Muskeln, Bändern und Sehnen liegen. Das vordere Kreuzband im Knie enthält beispielsweise Nerven, die uns propriozeptive Informationen aus dem Unterschenkel mitteilen. Vor einigen Jahren zog ich mir einen Kreuzbandriss zu, als mein Sohn mich beim Skifahren zum Mithalten anstachelte. Zu meiner großen Überraschung hatte ich nach dem Unfall Mühe mit dem Gehen: Ich stolperte ständig über meine eigenen Füße. Offenkundig hatte ich die Fähigkeit eingebüßt, propriozeptive Positionssignale des Fußes wahrzunehmen – und gewann sie nach und nach zurück, als mein Gehirn begann, Informationen aus anderen Nerven des Unterschenkels zu verarbeiten.

Zwei wichtige, miteinander verknüpfte Prozesse des Körpers hängen von der Propriozeption ab: die Wahrnehmung der relativen Position unserer Körperteile in Ruhe (statische Wahrnehmung) und das Empfinden für die relative Position unseres Körpers in Bewegung (dynamische Wahrnehmung). Propriozeption umfasst nicht nur unseren Gleichgewichtssinn, sondern auch die koordinierte Bewegung – vom simplen Winken mit einer Hand über die kompliziertere Integration von Bewegung und Balance beim Gehen auf der Straße bis hin zu den sehr komplexen Bewegungen einer Turnerin, die bei den Olympischen Spielen einen Salto auf dem Schwebebalken schlägt. Diese beiden Prozesse – statische und dynamische Wahrnehmung der Körperposition – hängen auch bei Pflanzen zusammen und stehen bei vielen Botanikern seit Jahren im Mittelpunkt des Interesses.

OBEN UND UNTEN UNTERSCHEIDEN

Im Jahr 1758 – mehr als 100 Jahre vor Darwins bahnbrechendem Werk *Das Bewegungsvermögen der Pflanzen* – beobachtete Henri-Louis Duhamel du Monceau, Inspektor der französischen Marine und leidenschaftlicher Botaniker, dass sich die Wurzeln eines Keimlings, den er auf den Kopf stellte, neu ausrichteten und nach unten wuchsen, während der Trieb sich bog und himmelwärts wuchs.[94] Diese einfache Beobachtung, dass Wurzeln wuchsen, als würden sie von der Schwerkraft nach unten gezogen (positiver Gravitropismus), und Triebe in der Gegenrichtung zu diesem Zug wuchsen (negativer Gravitropismus), führte zu einer Reihe von Fragen und Hypothesen, die Untersuchungen in Laboren auf der ganzen Welt nachhaltig beeinflusst haben. Viele Wissenschaftler, die Duhamels Aussagen lasen, kamen zu dem Schluss, dass die Ursache für die Neuorientierung der Wurzeln tatsächlich die Schwerkraft war. Aber Thomas Andrew Knight, ein Mitglied der Royal Society, meinte etwa 50 Jahre später: »Die Hypothese [dass die Schwerkraft das Pflanzenwachstum beeinflusst] wurde anscheinend bisher nicht durch Fakten belegt.«[95] Viele Fachleute interpretierten Duhamels Beobachtung als Beweis dafür, dass die Schwerkraft das Pflanzenwachstum beeinflusst, aber niemand hatte wissenschaftliche Versuche unter strengen Bedingungen gemacht, um diese Idee zu überprüfen. Genau das aber hatte Knight jetzt vor.

Knight gehörte dem englischen Landadel an und lebte in einem Schloss in Herefordshire, das von weitläufigen Gärten,

Obstgärten und Gewächshäusern umgeben war. Er hatte keine wissenschaftliche Ausbildung genossen, eignete sich aber – wie bei Aristokraten des 18. und 19. Jahrhunderts üblich – auf eigene Initiative umfangreiche Kenntnisse an und war bald besonders im Gartenbau sehr bewandert. Später sollte er sogar zu den führenden Pflanzenphysiologen seiner Zeit zählen. Für seine Untersuchungen darüber, wie Pflanzen oben und unten unterscheiden können, erdachte Knight einen raffinierten Apparat, der die Wirkung der Schwerkraft auf das Pflanzenwachstum ausschaltete, dabei aber gleichzeitig eine neue, zentrifugale Kraft ins Spiel brachte, die auf die Wurzeln wirkte. Er konstruierte ein Wasserrad, das von einem Fluss angetrieben wurde, der durch seine Ländereien floss, und brachte eine Holzscheibe so an dem Rad an, dass sie sich mit dem Rad drehte. Dann befestigte er mehrere Bohnenkeimlinge in unterschiedlichen Positionen auf der Scheibe, sodass ihre Wurzelspitzen in alle möglichen Richtungen zeigten – in die Mitte, nach außen, schräg usw.

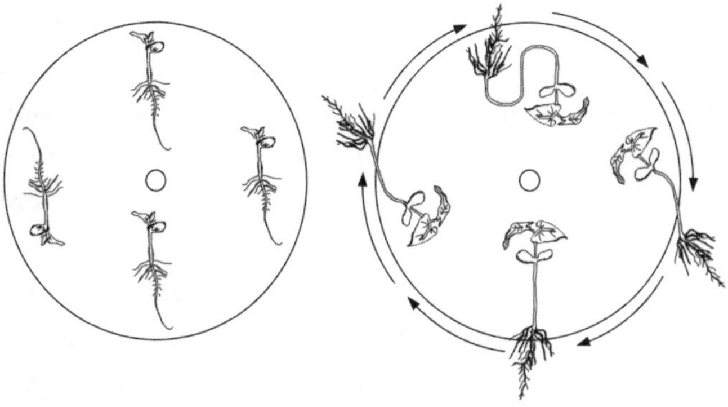

(23) Knights Wasserrad mit den Keimlingen darauf: vor Beginn und nach dem Ende des Experiments.

Dann ließ er das Rad mehrere Tage lang mit schwindelerregenden 150 Drehungen pro Minute rotieren. Die Keimlinge überschlugen sich bei jeder Drehung des Rades. Am Ende dieser Behandlung sah Knight, dass alle Wurzeln von der Mitte des Rades nach *außen* gewachsen waren, alle Triebe jedoch zur Mitte hin.

Mit seiner improvisierten Zentrifuge hatte Knight die Keimlinge einer Kraft ausgesetzt, die die Schwerkraft nachahmte, und konnte zeigen, dass die Wurzeln stets in Richtung der zentrifugalen Kraft wuchsen, die Triebe jedoch in die Gegenrichtung. Damit wies er nach, dass Wurzeln und Triebe nicht nur der natürlichen Schwerkraft gehorchen, sondern auch der künstlichen Fliehkraft, die er mit seiner Wasserrad-Zentrifuge erzeugte. Aber das erklärte noch nicht, *wie* eine Pflanze die Schwerkraft spürt.

Das Interesse daran, wie Pflanzen die Schwerkraft spüren, nahm gegen Ende des 19. Jahrhunderts wieder zu. Auch auf diesem Gebiet waren es wie bei so vielen Fragen zur Pflanzenwelt Darwin und sein Sohn Francis, die die entscheidenden Versuche unternahmen. Wie es ihre Art war, führten sie eine äußerst detaillierte, umfassende Untersuchung durch, die der Frage nachging, welcher Teil der Pflanze die Schwerkraft wahrnimmt.[96] Ihre anfängliche These war, dass in der Wurzelspitze »Gravirezeptoren« (analog zu den Photorezeptoren im Auge) enthalten seien. Um diese Hypothese zu testen, schnitten sie unterschiedlich lange Stücke von den Wurzelspitzen von Bohnen, Erbsen und Gurken ab und legten die Wurzeln dann seitlich auf feuchte Erde. Daraufhin wurden die Wurzeln zwar noch länger, aber sie hatten nicht mehr die Fähigkeit, sich umzuorientieren und abwärts in die

Erde zu wachsen. Selbst die Entfernung eines Stückchens Wurzelspitze von nur einem halben Millimeter Größe genügte, um das gesamte Gespür der Pflanze für die Schwerkraft auszulöschen! Darwin Vater und Sohn beobachteten auch, dass dann, wenn die Wurzelspitze einige Tage nach der Amputation wieder nachgewachsen war, die Wurzel auch ihre Fähigkeit wiedererlangte, auf die Schwerkraft zu reagieren, und sich wie zuvor krümmte und in die Erde wuchs.

Dieses Ergebnis wies Ähnlichkeiten mit dem auf, was Darwin bei seinen Arbeiten über den Phototropismus entdeckt hatte. Mit den Experimenten zum Phototropismus hatte er gezeigt, dass die Spitze eines Triebes das Licht sieht und diese Information an seinen Mittelteil weitergibt, um ihm zu signalisieren, er solle sich zum Licht hin biegen. Jetzt demonstrierten die Darwins, dass die Spitze der Wurzel die Schwerkraft spürt, auch wenn die Biegung weiter oben in der Wurzel erfolgt. Daraus leitete Darwin ab, dass die Wurzelspitze irgendwie der restlichen Wurzel weiter oben signalisierte, sie solle dem Zug der Schwerkraft folgen und nach unten wachsen.

Um diese Hypothese zu testen, legte Darwin einen Bohnenkeimling auf die Seite und fixierte ihn mit einer Nadel auf einer Schicht Erde. Diesmal aber wartete er 90 Minuten, ehe er die Wurzelspitze abschnitt (bei einer normalen Pflanze, die man auf die Seite legt, dauert es in der Regel mehrere Stunden, bis die Umorientierung der Wurzel sichtbar wird). Er stellte fest, dass sich die Wurzel auch dann noch abwärts bog, obwohl sie nun ohne Spitze war. Also nahm Darwin an, dass der Bohnenkeimling in den 90 Minuten vor Amputation der Spitze der Wurzel Anweisungen nach oben geschickt hatte, die Spitze solle sich nach unten biegen. Darwin und sein Sohn konnten bei Versuchen mit sechs verschiedenen Pflanzenarten Zeugen der gleichen Effekte werden – auch in Fällen, in denen sie die Spitze mit Silbernitrat verätzt hatten, statt sie zu amputieren. Sie schlossen daraus, dass die Wurzelspitze die Schwerkraft sofort spüren und dann diese Information weiterleiten muss, um der Pflanze mitzuteilen, welche Richtung für ihr Wachstum optimal ist.

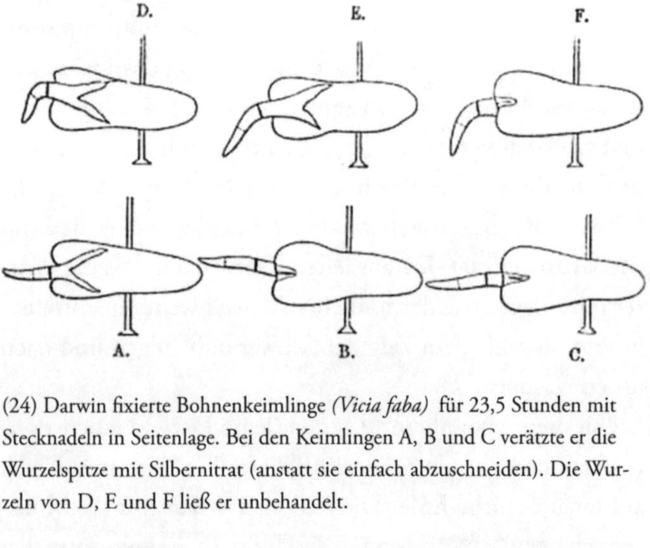

(24) Darwin fixierte Bohnenkeimlinge *(Vicia faba)* für 23,5 Stunden mit Stecknadeln in Seitenlage. Bei den Keimlingen A, B und C verätzte er die Wurzelspitze mit Silbernitrat (anstatt sie einfach abzuschneiden). Die Wurzeln von D, E und F ließ er unbehandelt.

Unser Wissen darüber, wie Pflanzen oben und unten unterscheiden können, nahm im Laufe des 18. und 19. Jahrhunderts beträchtlich zu. Zuerst fand Duhamel heraus, dass Keimlinge ihr Wachstum so orientieren können, dass die Wurzeln nach unten und die Triebe nach oben wachsen, dann zeigte Knight, dass die Ursache für dieses Orientierungsvermögen die Schwerkraft war, und schließlich wies Darwin nach, dass der Mechanismus, der die Schwerkraft spürt, in der Wurzelspitze sitzt. Über 100 weitere Jahre sollten jedoch vergehen, bis moderne molekulargenetische Untersuchungen Darwins Ergebnisse bestätigten und bewiesen, dass Zellen in der äußersten Spitze der Wurzel (die man Wurzelhaube nennt) die Schwerkraft wahrnehmen und einer Pflanze mitteilen, wo unten ist.[97]

Wenn eine Pflanze eine intakte Wurzelspitze braucht, um senkrecht in den Boden zu wachsen, könnte man erwarten (wie Darwin es auch tat), dass ebenso die Spitze eines Triebes wichtig ist, damit eine Pflanze gerade nach oben wächst. Schließlich hatte Darwin ja gezeigt, dass das Abschneiden der Spitze bei einer Pflanze zum Verlust ihres Sehvermögens und damit ihrer Fähigkeit führt, sich seitlich einfallendem Licht entgegenzubeugen. Aber überraschenderweise zeigte sich, dass ein Pflanzentrieb, dem man die Spitze abschneidet, dennoch nach oben wächst und seinen negativen Gravitropismus aufrechterhält. Könnte das bedeuten, dass die Wurzel und die Triebe die Schwerkraft auf unterschiedliche Weise wahrnehmen?

Ein Großteil des heutigen Wissens darüber, wie Pflanzen die Schwerkraft erfassen, stammt aus Studien über die beliebteste Laborpflanze der Welt, die *Arabidopsis*. So wie Maarten Koornneef und seine Kollegen »blinde« Pflanzen isolierten, die Defekte an unterschiedlichen Photorezeptoren hatten (siehe erstes Kapitel), so isolierten zahlreiche Wissenschaftler mutierte *Arabidopsis*-Pflanzen, die oben und unten nicht unterscheiden können.[98] Das Vorgehen dabei ist ganz einfach: Man lässt Tausende von *Arabidopsis*-Keimlingen eine Woche lang wachsen und dreht dann ihre Container um 90 Grad. Fast alle Keimlinge orientieren sich neu, sodass ihre Triebe nach oben und ihre Wurzeln nach unten wachsen. Nur einige seltene Mutanten nehmen die Schwerkraft nicht wahr und wachsen einfach weiter, ohne ihre Richtung zu ändern.*

Viele dieser Mutanten weisen Defekte sowohl in den Wurzeln als auch in den Trieben auf und haben die Fähigkeit eingebüßt, oben und unten zu unterscheiden. Bei anderen *Arabidopsis*-Mutanten ist entweder nur die Wurzel oder nur der Trieb betroffen. Schon das legt nahe, dass sie die Schwerkraft auf mehrfache Weise wahrnehmen. Zum Beispiel hat eine *Arabidopsis* mit einer Mutation im sogenannten *scarecrow*-Gen Triebe, die nicht merken, wenn sie auf die Seite gedreht werden: Die mutierte Pflanze bleibt horizontal ausgerichtet, der negative Gravitropismus im Trieb ist defekt.**[99] Überraschenderweise können die Wurzeln dieser

* Bei dieser Art von Untersuchung werden die Samen häufig vorher mit einer chemischen Substanz behandelt, die Mutationen in der DNA verursacht. Die Chance, dass die Substanz auf ein spezifisches Gen wirkt, das für den Gravitropismus gebraucht wird, ist minimal, daher müssen Tausende von Keimlingen getestet werden. Zum Glück sind *Arabidopsis*-Keimlinge winzig, sodass es möglich ist, eine große Zahl von ihnen zu überprüfen.

** Mutanten von *Arabidopsis* oder auch anderen Organismen zu benennen, ist ein Privileg des Wissenschaftlers, der die Mutante zuerst isoliert hat. Der Name der Mutante wird in kursiven Kleinbuchstaben geschrieben und entspricht dem Namen des mutierten Gens. Manche Wissenschaftler sind konservativer und benennen ihre Mutanten nach ihren offenkundigen Merkmalen (wie etwa die *shortroot*-Mutante der *Arabidopsis*, die wenig überraschend kurze Wurzeln hat). Andere sind kreativer. Beispiele für *Arabidopsis*-Mutanten sind etwa: *scarecrow, toomany-mouths* und *werewolf*.

Mutante jedoch abwärts wachsen (sie behalten ihren positiven Gravitropismus). Eine japanische Sorte der Blauen Prunkwinde) namens *Shidare-asago* (was »weinend« im Sinne von »hängend« bedeutet) hat Triebe, die oben und unten nicht unterscheiden können. Das sorgt dafür, dass sie einerseits eine attraktive Hängepflanze und andererseits für Wissenschaftler eine ausgezeichnete Mutante für die Untersuchung des Gravitropismus ist. Wie kommt es, dass die Stängel und Triebe dieser Pflanze in ganz unterschiedliche Richtungen wachsen? Kürzlich durchgeführte genetische Untersuchungen zeigen, dass *Shidare-asago* eine Mutation in ihrem *scarecrow*-Gen aufweist.[100] Das wirft natürlich sofort die Frage auf: Beweisen diese Mutanten letzten Endes, dass die Mechanismen für die Wahrnehmung von Schwerkraft in den unterirdischen und den oberirdischen Pflanzenteilen verschieden sind?

Tatsächlich sagt uns diese Mutante nicht, dass der *Mechanismus* für die Wahrnehmung der Schwerkraft in Wurzel und Stängeln unterschiedlich ist, verrät uns aber, dass die spezifische *Stelle* eine andere ist (was wir bereits aus Darwins Untersuchungen wissen). Wissenschaftler im Labor von Phil Benfey an der New York University setzten die *scarecrow*-Mutante ein, um herauszufinden, welcher Teil des Stängels die Schwerkraft spürt. Um die Wende zum 21. Jahrhundert entdeckten sie, dass das *scarecrow*-Gen für die Bildung der Endodermis erforderlich ist, einer Zellschicht, die sich um das Leitbündelsystem der Pflanzen legt.[101] In den Wurzeln fungiert die Endodermis als selektive Barriere, die aktiv reguliert, wie viele und welche Komponenten (wie etwa Wasser, Mineralien und Ionen) in die Leitungsbahnen

(25) Blaue Prunkwinde *(Pharbitis nil* oder *Ipomoea nil).*

gelangen, um dann in die grünen Teile der Pflanzen transportiert zu werden. Pflanzen mit einem mutierten *scarecrow*-Gen haben keine Endodermis. Das sorgt für ziemlich kurze und schwache Wurzeln, die aber trotzdem noch wissen, wie sie nach unten wachsen können, denn die Gravisensoren in der Wurzelspitze enthalten keine Endodermis-Zellen. Die *scarecrow*-Mutante hat eine normale Wurzelspitze, also weiß sie, wo unten ist.

Wenn aber die Triebe keine Endodermis haben, wissen sie nicht mehr, wo oben ist, und das ist für den Richtungssinn einer Pflanze genauso fatal wie die Amputation der Wurzelspitze. Anders gesagt: In den unteren Teilen der Pflanze und denen in der Luft nehmen zwei verschiedene Gewebearten die Schwerkraft wahr. In der Wurzel ist es die Spitze, im Stängel ist es die Endodermis. Während wir Menschen also unsere »Gravirezeptoren« nur im Innenohr haben, sind sie bei Pflanzen an vielen Stellen der Wurzel und der Stängel verteilt.

Wie spüren diese spezifischen Gruppen von Pflanzenzellen in der Wurzelspitze und in der Endodermis die Schwerkraft? Die ersten Antworten darauf gaben Untersuchungen der Wurzelhauben unter dem Mikroskop, mit dessen Hilfe man ihre unglaublichen subzellulären Strukturen genauer erkennen wollte. Zellen im zentralen Bereich der Wurzelhaube enthalten feste, rundliche Strukturen namens Statolithen (abgeleitet vom griechischen Wort für »statische Steine«), die – ähnlich wie die Otolithen in unseren Ohren – schwerer sind als die anderen Teile der Zelle und somit auf die Unterseite der Zellen der Wurzelhaube fallen.* Wenn man eine Wurzel auf die Seite legt, fallen die Statolithen auf den neuen Boden der Zelle, genau wie Murmeln in einem auf die Seite gelegten Glasgefäß an dessen tiefste Stelle kullern. Es überrascht nicht, dass das einzige oberirdische Pflanzengewebe, das Statolithen enthält, die Endodermis ist. Wie bei der Wurzelhaube fallen auch in der Endodermis die Statolithen bei Seitenlage einer Pflanze auf die bisherige Seite der Zelle, die nun der neue Boden wird. Diese Reaktionsweisen der Statolithen auf die Schwerkraft führten die Wissenschaftler zu der Annahme, dass sie die Gravirezeptoren sind.

Wenn Statolithen die pflanzlichen Rezeptoren der Schwerkraft sind, dann sollte die einfache Verlagerung von Statolithen ausreichen, um eine Pflanze dazu zu bringen,

* Bei höheren (blühenden) Pflanzen nennt man die Statolithen auch Amyloplasten, das sind modifizierte Formen von Chloroplasten, die statt Chlorophyll Stärke enthalten.

ihre Wachstumsrichtung zu ändern, als wäre sie durch die Schwerkraft dazu bewogen worden. Erst mit der Einführung der Molekulargenetik (und interessanterweise auch der Raumfahrt) konnten Wissenschaftler die Versuche durchführen, die dieser Frage gelten.

In den letzten 20 Jahren haben John Kiss und seine Kollegen an der Miami University in Ohio einige der modernsten Hightech-Instrumente der Wissenschaft eingesetzt, um herauszufinden, ob Statolithen tatsächlich die Schwerkraft in den Pflanzen wahrnehmen. Unter Einsatz eines Hochgradienten-Magnetfelds, das die Schwerkraft simuliert, brachte Kiss seine Statolithen dazu, sich zur Seite zu bewegen, als hätte er die Pflanzen auf die Seite gelegt.[102] Wenn das geschieht, beginnt sich die Wurzel in dieselbe Richtung zu krümmen, in der die Statolithen sich bewegen: Gehen die Statolithen nach rechts, biegt sich die Wurzel nach rechts; bewegen sich die Statolithen nach links, biegt sich die Wurzel nach links. Diese Ergebnisse stützten die These, dass die Position der Statolithen den Pflanzen Auskunft darüber gibt, wo unten ist. Sie veranlassten Kiss auch zu der Vorhersage, dass die Statolithen ohne Schwerkraft nicht auf den Boden einer Zelle fallen würden, sodass die Pflanze dann nicht wüsste, wo unten ist. Um eine solche Hypothese zu testen, brauchte Kiss natürlich Bedingungen, unter denen keine Schwerkraft wirkt. Wie etwa in einem Raumschiff, das die Erde umkreist.

An Bord eines Spaceshuttles, wo Pflanzen offenkundig nicht den Wirkungen der Schwerkraft unterliegen, können die Statolithen nicht fallen, und sie bleiben folglich überall in der Zelle verteilt. Tatsächlich konnte Kiss unter den Bedingungen der Schwerelosigkeit keine gravitropische Krümmung bei den Pflanzen feststellen, die im Weltraum waren.[103] Diese Untersuchungen lieferten einen faszinierenden Hinweis darauf, warum sich die Pflanzen so bewegen, wie sie es tun: Eine Pflanze braucht Statolithen, um die Schwerkraft zu spüren, genauso wie wir Otolithen in unseren Ohren brauchen, damit unsere Gleichgewichtsrezeptoren stimuliert werden.

DAS BEWEGUNGSHORMON

Wenn eine umgedrehte Bohnenwurzel auf die Schwerkraft reagiert, eine Tulpe im Blumentopf auf dem Fensterbrett sich zur Sonne hin biegt und eine *Cuscuta* auf die nächste Tomate zukriecht, geschieht jeweils etwas Ähnliches: Die Pflanzen nehmen eine Veränderung in ihrer Umgebung wahr (Schwerkraft, Licht oder Geruch) und krümmen sich als Reaktion auf den Stimulus. Die Stimuli sind unterschiedlich, aber die Reaktionen sind ähnlich – Wachstum in eine bestimmte Richtung. Wir haben uns ausführlich damit beschäftigt, wie eine Pflanze die Schwerkraft spürt (sowie Licht und Gerüche), aber wir haben noch nicht erforscht, wie diese Sinnesdaten einer Pflanze mitteilen, dass sie wachsen und sich biegen soll. Sehen wir uns Darwins Versuche zum Phototropismus aus dem ersten Kapitel noch einmal an. Er hat gezeigt, dass die Spitze des Kanariengras-Keimlings das Licht »sieht« und diese Information an den mittleren Teil des Keimlings weitergibt, damit er sich dem Licht entgegenbiegt. Das ist ähnlich wie bei der Wurzelhaube, die die Schwerkraft »fühlt« und die Information dann an einen weiter oben gelegenen Teil der Wurzel weitergibt, damit die Pflanze nach unten wachsen kann, oder wie bei der *Cuscuta*, die die Tomate riecht und dann auf sie zukriecht.

Anfang des 20. Jahrhunderts erweiterte der dänische Pflanzenphysiologe Peter Boysen-Jensen die Darwin'schen Versuche über den Phototropismus.[104] Er arbeitete mit Hafer-Keimlingen und schnitt ihnen wie Darwin die Spitzen ab. Dann aber setzte er die Spitzen wieder an die Stümpfe an. Zuvor tat er etwas Ungewöhnliches, was ein brillanter Einfall war. Er platzierte entweder eine dünne Scheibe Gelatine oder ein winziges Stückchen Glas zwischen dem Stumpf und der Spitze. Als er die Pflanzen nun von der Seite her beleuchtete, bog sich die mit der eingesetzten Gelatinescheibe zum Licht hin, während die mit dem Glasstückchen gerade blieb. Das bewies für Boysen-Jensen, dass das Biege-Signal, das aus der Spitze der Pflanze kam, aus einer löslichen Substanz bestehen musste, da es offenkundig durch die Gelatine dringen konnte, nicht aber durch das Glas. Aber Boysen-Jensen konnte noch nicht wissen, welche chemische Substanz von der Spitze her in den Stängel wandert und ihn dazu bringt, sich zu krümmen.

Anfang der 1930er-Jahre gelang es Wissenschaftlern endlich, den wachstumsfördernden Stoff zu identifizieren, der aus der Spitze durch die Gelatine ins Wurzelsystem gelangte, und nannten ihn Auxin, abgeleitet vom griechischen Wort für »wachsen machen«. Zwar haben Pflanzen viele unterschiedliche Hormone, aber keines ist so allgegenwärtig und an derartig vielen Prozessen und Funktionen beteiligt wie das Auxin. Eine dieser Funktionen ist es, den Zellen mitzuteilen, dass sie länger werden sollen. Licht bewirkt, dass sich

(26) Hafer
(Avena sativa).

Auxin auf der dunklen Seite sammelt, was den Stängel veranlasst, nur auf der dunklen Seite zu wachsen und sich so dem Licht entgegenzuneigen. Schwerkraft führt dazu, dass Auxin bei Wurzeln auf der »oberen Seite« auftaucht, was sie dazu bringt, nach unten zu wachsen, und bei Stängeln und Blättern auf der »unteren Seite«, was sie zum Aufwärtswachsen anregt. Zwar aktivieren unterschiedliche Stimulationen verschiedene pflanzliche Sinne, aber viele sensorische Systeme laufen beim Auxin, dem Bewegungshormon, zusammen.

TANZENDE PFLANZEN

Wie in diesem Kapitel bereits erwähnt, bedeutet Propriozeption mehr, als einfach nur oben und unten unterscheiden zu können; es bedeutet auch, dass man sich dessen gewahr ist, wo die Körperteile sich bei einer Bewegung befinden.

Wenn Mikhail Baryshnikov mit großen Sprüngen eine Bühne überquert und in einer Arabeske landet, ist er nicht nur perfekt in Balance, sondern weiß auch bis ins kleinste Detail über die Position eines jeden Körperteils Bescheid. Er weiß, wie weit sein Bein nach hinten gestreckt ist, wie hoch seine Hand über der Schulter schwebt und welche Neigung sein Rumpf hat. Dass wir demgegenüber Pflanzen als stationäre Wesen ansehen, überrascht nicht; schließlich sind sie festgewachsene Organismen, auf ewig verwurzelt und unfähig, sich von der Stelle zu bewegen. Aber wenn wir sie über einen langen Zeitraum hinweg geduldig beobachten, weicht dieses statische Bild einem kunstvoll choreographierten Fest der Bewegung, ganz ähnlich wie bei Baryshnikov, wenn er in der ersten Szene eines Balletts in Fahrt kommt. Blätter rollen sich ein und entfalten sich, Blüten öffnen und schließen sich, Stängel ziehen Kreise und biegen sich.

Die Bewegungen von Pflanzen sieht man am besten bei Zeitrafferaufnahmen, und tatsächlich setzte man diese Technik auch mit als erstes zu ebendiesem Zweck ein. Professor Wilhelm Pfeffer, der seine Ausbildung bei Darwins Freund Julius von Sachs machte, filmte eine Reihe von Pflanzen in Bewegung, von Tulpen über Mimosen bis zu Ackerbohnen. Seine ersten Filme sind noch sehr körnig, aber faszinierend anzuschauen.* Doch schon lange bevor Zeitrafferfilme ins Spiel kamen, hatte der beharrliche und ausdauernde Darwin die Bewegung der Pflanzen mithilfe einer sehr zeitaufwändigen Prozedur und mit einfacher Technik untersucht: Er

* So etwa unter: www.dailymotion.com/video/x1hp9q_wilhelm-pfeffer-plant-movement_shortfilms#from=embed.

hängte eine Glasplatte über eine Pflanze und markierte über mehrere Stunden hinweg alle paar Minuten die Position der Spitze auf dem Glas. Durch die Verbindung der Punkte konnte er die genaue Bewegung seines Versuchsobjekts nachzeichnen. (Darwin litt an Schlaflosigkeit und verbrachte zweifellos zahlreiche Nächte damit, peinlich genau die über 300 verschiedenen Pflanzenarten zu beobachten, die er nach und nach auf diese Weise festhielt, zu denen auch der Gemüsekohl zählte, der auf der folgenden Seite abgebildet ist.)

Darwin fand heraus, dass alle Pflanzen in einer spiralförmigen Bewegung schwingen, die er »Circumnutation« nannte (lateinisch für »kreisen« oder »schwingen«).* Das Spiralmuster variiert von einer Art zur anderen und kann von einem sich wiederholenden Kreis bis zu einer Ellipse oder einer Bahn aus ineinander verschlungenen Formen reichen, sehr ähnlich den Bildern, die man mit einem Spirographen zeichnen kann. Manche Pflanzen machen erstaunlich große Bewegungen, wie etwa Bohnenkeimlinge, die in einem Radius von bis zu zehn Zentimetern kreisen. Andere Bewegungen liegen im Millimeterbereich, wie die von Erdbeerpflanzen. Auch die Geschwindigkeit variiert: Tulpen circumnutieren in einem ziemlich gleichbleibenden Tempo (sie brauchen etwa vier Stunden), während bei anderen Pflanzen erhebliche Schwankungen auftreten. *Arabidopsis*-Stängel brauchen für einen Kreis zwischen 15 Minuten und 24 *Stunden,* und Weizen beschreibt im Durchschnitt alle zwei Stunden einen Kreis. Wir wissen nicht, worauf diese

* Ein gutes Beispiel für Circumnutation findet sich im folgenden Film: www.pnas.org/content/suppl/2006/01/11/0510471102.DC1/10471Movie1.mov.

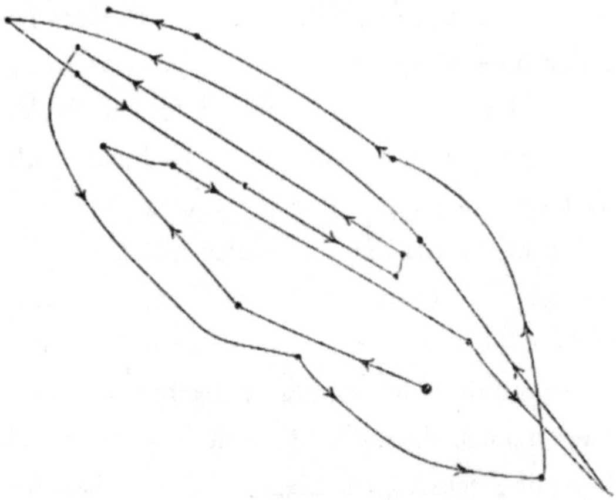

(27) Darwins Aufzeichnung der Bewegungen der Spitze eines Gemüsekohl-Keimlings *(Brassica oleracea)* über 10 Stunden und 45 Minuten hinweg.

Individualität in der Bewegung beruht, wohl aber, dass sowohl Umwelteinflüsse als auch innere Faktoren das Tempo beeinflussen können. Die polnische Wissenschaftlerin Maria Stolarz hat herausgefunden, dass ein Sonnenblumenblatt, das sie mit einer kleinen Flamme nur drei Sekunden lang versengt hatte, eine Umdrehung lang beinahe doppelt so schnell kreiste wie sonst.[105] Dann kehrte die Sonnenblume wieder zu ihrem vorherigen Tempo zurück.

Darwin war von diesen Bewegungen fasziniert und kam zu dem Schluss, dass die Circumnutation nicht nur fester Bestandteil des Verhaltens aller Pflanzen ist, sondern dass diese spiralig oszillierenden Tänze sogar die Triebkraft für alle pflanzliche Bewegung sind. Er war der Meinung, dass Phototropismus und Gravitropismus lediglich modifizierte Circumnutationen seien, die in eine bestimmte Richtung

(28) Sonnenblume
(Helianthus annuus).

zielen. Diese Hypothese blieb etwa 80 Jahre lang unwidersprochen, bis Donald Israelsson und Anders Johnsson am Lund Institute of Technology eine Gegenhypothese aufstellten, wonach die oszillierenden Bewegungen von Pflanzen die *Folge* des Gravitropismus seien (und nicht dessen *Ursache*).[106] Sie meinten, dass während des Wachstums einer Pflanze eine leichte Veränderung in der Position des Stängels (egal, ob von Wind, Licht oder einer physischen Barriere verursacht) zu einer Verlagerung der Statolithen führt, was wiederum den Stängel veranlasst, sich nach oben zu strecken, auch wenn äußere Faktoren ihn ein wenig zum Schwanken bringen.

Dieses Strecken schieße jedoch häufig über das Ziel hinaus. Genau wie die aufblasbaren Punching-Figuren in Gestalt von »Bozo dem Clown«, die immer wieder vor- und zurückschnellen, überreagiert ein Stängel, der sich wieder neu aufrichten will, zuerst, streckt sich zu weit in die Senkrechte und biegt sich dabei ein wenig in die Gegenrichtung. Jetzt, da der Stängel wieder nicht senkrecht, sondern in die andere Richtung geneigt ist, verlagern sich die Statolithen ein zweites Mal und initiieren damit eine gravitropische Reaktion zur anderen Seite der Pflanze hin. Auch dieses neue Wachstum schießt über das Ziel hinaus, und der Zyklus wiederholt sich, was zu der klassischen Oszillation führt, die Darwin bei Kohl und Klee dokumentiert hat und die wir auch bei Tulpen und Gurken sehen. Wie Bozo der Clown in Kreisen vor- und zurückwippt und versucht, in der Mitte zur Ruhe zu kommen, kreist der Pflanzenstängel auf der Suche nach dem Gleichgewicht in der Luft.

Darwin hatte also die Hypothese, dass dieses Tanzen allen Pflanzen von Natur aus innewohnt, während Israelsson und Johnsson glaubten, dass die Schwerkraft die Kreistänze der Pflanzen auslöst. Am Ende des 20. Jahrhunderts konnten die beiden konkurrierenden Theorien dank der Raumfahrt endlich getestet werden. Wäre Darwins Theorie richtig, würde sich die Circumnutation auch bei fehlender Schwerkraft ungehindert fortsetzen; träfe Israelssons und Johnssons Statolithen-Modell zu, träte unter Schwerelosigkeit keine Circumnutation der Pflanzen auf.

In der Anfangsphase des Raumfahrtprogramms in den 1960er-Jahren entwarf Allan H. Brown, ein bekannter und angesehener Pflanzenphysiologe, eines der ersten Experimente mit *Arabidopsis* im Weltraum als Teil des Programms von *Biosatellite III*. Brown wollte testen, ob Pflanzenbewegungen bei ausgeschalteter Schwerkraft weiter stattfinden würden.* Als dieses Programm aufgrund von Budgetkürzungen gestrichen wurde, musste Brown bis 1983 warten, aber dann gehörten seine Experimente mit Pflanzen zu den ersten, die im Spaceshuttle durchgeführt wurden.[107] Die Astronauten an Bord der *Columbia* überwachten im Weltraum die Bewegungen von Sonnenblumenkeimlingen und übermittelten die Daten an Wissenschaftler auf der Erde. Sonnenblumenkeimlinge zeigen auf der Erde gut sichtbare Bewegungen, daher waren sie die idealen Kandidaten für einen Shuttle-Flug und für die Frage, was im Weltraum mit ihnen geschehen würde.[108] An Bord der *Columbia*, kilometerweit über der Erde, zeigten fast 100 Prozent der Keimlinge rotierende Wachstumsmuster; selbst bei fast völlig ausgeschalteter Schwerkraft setzten die Sonnenblumenkeimlinge ihre Kreisbewegungen annähernd genauso fort wie auf der Erde. Das sprach sehr für Darwins Theorie.

Aber kehren wir noch einmal zur zweiten Hypothese zurück: nämlich dass die spiraligen Bewegungen eng mit der Schwerkraft zusammenhängen. Vor einigen Jahren beobachteten Hideyuki Takahashi und seine Kollegen von der Japan Aerospace Exploration Agency die Circumnutation einer Mutante der Blauen Prunkwinde, die im Trieb keine Endodermis besitzt, welche die Schwerkraft spürt.[109] Diese Mutante der Blauen Prunkwinde, die nicht auf die Schwerkraft reagiert, bewegte sich auch nicht so spiralig wie eine normale Blaue Prunkwinde. *Arabidopsis*-Mutanten,

* Tatsächlich müssen wir beim Weltraum eher von »Mikrogravitation« als von »Schwerelosigkeit« sprechen, weil es noch immer einen Rest von Erdanziehung gibt, etwa 0,001 Prozent.

die kleine oder defekte Statolithen haben, bewegten sich ebenfalls nicht im Kreis. Diese Ergebnisse hätten Darwin nicht gefreut: Sie stützen in hohem Maße die Idee, dass Circumnutation und Gravitropismus eng miteinander zusammenhängen. (Natürlich hätte Darwin hier wahrscheinlich die wissenschaftliche Arbeit geschätzt, seine eigene Hypothese modifiziert und neue Versuche entwickelt, um sie zu testen.)

Takahashi erklärte den Widerspruch zwischen seinen Ergebnissen und denen, die man in der *Columbia* erhalten hatte, mit dem Hinweis, dass die Versuche in dem Spaceshuttle ja mit Samen gemacht wurden, die bereits auf der Erde gekeimt hatten, und meinte, das könnte ausreichen, um die Circumnutation auch im Weltraum fortzusetzen. Und tatsächlich erscheint es sinnvoll, dass ein Keim, der sich auf der Erde gebildet hat, andere Merkmale aufweist als einer, der sich im Weltraum gebildet hat. Falls das zutrifft, könnten die zeitlichen Beschränkungen der Versuche, die an Bord der *Columbia* durchgeführt wurden (etwa zehn Tage), das Ergebnis des Experiments beeinflusst haben.

Die Internationale Raumstation, die ihre Arbeit im Jahr 2000 aufnahm, bot endlich eine Möglichkeit für langfristige Experimente zur Wirkung der Schwerkraft auf Pflanzen. Anders Johnsson konnte seine beinahe 40 Jahre alte Hypothese testen, als er und seine norwegischen Kollegen 2007 an Bord der Raumstation über mehrere Monate hinweg einen wichtigen Versuch durchführten.[110] Dabei setzten sie *Arabidopsis*-Pflanzen ein, die an Bord der Raumstation keimten und in einer speziellen Kammer heranwuchsen, die für den Einsatz im Weltraum konzipiert war. Sie wurden alle paar

Minuten automatisch fotografiert, damit man ihre genauen Positionen und jede Bewegung verfolgen konnte. In der fast völligen Schwerelosigkeit der Raumstation wiesen die *Arabidopsis*-Pflanzen durchaus spiralige Bewegungsmuster auf, wenn auch sehr kleine, sodass sie die von Darwin prophezeiten Bewegungen ausführten und zugleich Browns Beobachtungen bestätigten. Aber der Radius der kreisförmigen Bewegungen sowie ihre Geschwindigkeit waren kleiner als auf der Erde, was nahelegt, dass die Schwerkraft sehr wichtig für die Verstärkung der ureigenen Pflanzenbewegung ist.

Die schwerelosen Pflanzen wurden auf einer großen, rotierenden Zentrifuge befestigt, die die Schwerkraft nachahmte, ganz ähnlich wie einst bei Knights Versuch mit dem Wasserrad. Die Pflanzen konnten, solange sie sich drehten, ständig mit einer Kamera überwacht werden. Sehr bald, nachdem sie die Zentrifugalkraft zu spüren bekamen, begannen sich die Pflanzen in stärker ausgeprägten Kreisen zu bewegen. Sowohl die Größe als auch die Geschwindigkeit der Bewegung der sich drehenden Pflanzen waren schließlich ähnlich wie bei einer *Arabidopsis*-Pflanze, die auf der Erde wächst. Das enthüllte, dass die Schwerkraft für die Bewegungen nicht erforderlich ist, sondern die der Pflanze eigenen Bewegungen lediglich moduliert und verstärkt. Darwin hatte also recht: Soweit wir heute wissen, ist die Circumnutation ein Verhalten, das den Pflanzen von Haus aus innewohnt, doch um seinen vollen Ausdruck zu finden, braucht es die Schwerkraft.*[111]

* Der Gesamtmechanismus der Schwerkraftwahrnehmung ist komplexer und besteht nicht nur darin, dass sich Statolithen innerhalb der Zelle verlagern.

DIE PFLANZE IM GLEICHGEWICHT

Eine Pflanze kann gleichzeitig in viele Richtungen gezogen werden. Sonnenlicht, das in einem schrägen Winkel auf eine Pflanze fällt, bewirkt, dass sie sich den Sonnenstrahlen entgegenbiegt, während die herabsinkenden Statolithen in den sich biegenden Teilen der Pflanze ihr sagen, sie solle sich aufrichten. Diese häufig widerstreitenden Signale befähigen eine Pflanze, sich in eine Position zu bringen, die in ihrer Umgebung optimal ist. Die Ranken einer Kletterpflanze, die nach Halt suchen, werden sich einerseits zum Schatten eines nahen Zauns hingezogen fühlen, andererseits wird die Schwerkraft ihnen ermöglichen, sich rasch um den Zaun zu wickeln. Eine Pflanze auf der Fensterbank wird vom Licht angezogen und wächst einseitig, nämlich zur Sonnenseite hin, während die Schwerkraft sie gleichzeitig dazu bewegen wird, aufwärts zu wachsen. Der Geruch einer Tomate wird eine *Cuscuta* zur entsprechenden Seite hinziehen, und der Gravitropismus drängt sie gleichzeitig dazu, weiter nach oben zu wachsen. Position eines jeden Pflanzenteils und Wachstumsrichtung ergeben sich wie in der Newton'schen Physik aus der Summe der Kraftpfeile, die auf ihn einwirken.

Menschen und Pflanzen reagieren in ähnlicher Weise auf die Schwerkraft und verlassen sich auf Sensoren, die jeweils über Positionen und Gleichgewicht informieren. Aber wir sind uns nicht nur unserer Bewegungen bewusst, wir erinnern uns auch an die Bewegung, was uns erlaubt, sie nach Belieben zu wiederholen. Kann auch eine Pflanze sich an ihre früheren Bewegungen erinnern?

WORAN SICH EINE PFLANZE ERINNERT

Die Eichen und die Kiefern und ihre Brüder im Wald haben so viele Sonnenaufgänge gesehen, so viele Jahreszeiten kommen und gehen sehen, so viele Generationen ins ewige Schweigen eingehen sehen, dass wir uns durchaus fragen können, wie die »Geschichte der Bäume« lauten würde, wenn sie Zungen hätten, um sie zu erzählen, oder wenn unsere Ohren fein genug wären, sie zu verstehen.

Maud van Buren,
Quotations for Special Occasions

Erinnerungen nehmen im geistigen Alltagsleben der meisten Menschen breiten Raum ein. Wir erinnern uns vielleicht an ein besonders köstliches Festessen, an die Spiele, mit denen wir uns in der Kindheit vergnügt haben, oder an etwas ungewöhnlich Lustiges, das gestern im Büro passiert ist. Wir können uns noch den atemberaubend schönen Sonnenuntergang vorstellen, den wir einmal am Strand erlebt haben, und erinnern uns auch an ausgesprochen traumatische und beängstigende Erlebnisse. Unsere Erinnerung hängt von Sinneseindrücken ab: Ein vertrauter Geruch oder ein Lied, das wir mögen, kann eine ganze Flut detaillierter

Erinnerungen auslösen, die uns in eine bestimmte Situation an einem konkreten Ort zurückversetzt.

Wie wir gesehen haben, ziehen auch Pflanzen Gewinn aus ihren reichhaltigen und vielfältigen Sinneseindrücken. Aber sie haben offenkundig keine Erinnerungen in unserem Sinne: Sie ducken sich nicht beim Gedanken an eine Trockenzeit und träumen nicht von der Sommersonne. Sie vermissen nichts, wenn sie nicht mehr von einer schützenden Samenkapsel umhüllt sind, und fürchten auch nicht, es könnte zu einer vorzeitigen Freisetzung von Pollen kommen. Im Gegensatz zu Großmutter Weide in Disneys *Pocahontas* erinnern sich alte Bäume nicht an die Geschichte der Menschen, die in ihrem Schatten geschlafen haben. Aber wie wir schon aus den früheren Kapiteln wissen, besitzen Pflanzen eindeutig die Fähigkeit, vergangene Ereignisse zu behalten und diese Information zu einem späteren Zeitpunkt zum Zwecke der Einarbeitung in ihre weitere Entwicklung abzurufen: Tabakpflanzen erinnern sich an die Farbe des Lichts, das sie zuletzt gesehen haben. Weiden wissen, ob ihre Nachbarn von Raupen attackiert wurden. Diese und viele andere Beispiele illustrieren eine verzögerte Reaktion auf ein vorhergegangenes Ereignis, und das ist eine Schlüsselkomponente der Erinnerung.

Mark Jaffe, der Wissenschaftler, der den Begriff »Thigmomorphogenese« geprägt hat, veröffentlichte 1977 einen der ersten Berichte über das Pflanzengedächtnis, auch wenn er es nicht so nannte (stattdessen sprach er von einer ein- bis zweistündigen Verweildauer der aufgenommenen Sinnesinformation).[112] Jaffe wollte wissen, was Erbsenranken dazu bringt, sich zu ringeln, wenn sie einen Gegenstand berühren, um den sie sich wickeln können. Erbsenranken sind stängelähnliche Gebilde, die gerade wachsen, bis sie auf eine Zaunlatte oder eine Stange treffen, die sie als Stütze nutzen können; dann ringeln sie sich sehr schnell darum, um sich daran festzuhalten.

Jaffe demonstrierte Folgendes: Wenn er eine Ranke von einer Erbsenpflanze abschnitt, aber die abgetrennte Ranke in einer hell beleuchteten, feuchten Umgebung ruhen ließ, konnte er sie dazu veranlassen, sich zu ringeln, indem er einfach ihre Unterseite mit dem Finger rieb. Führte er aber denselben Versuch im Dunkeln durch, ringelten sich die abgetrennten Ranken nicht, wenn er sie berührte, was darauf hindeutete, dass die Ranken Licht brauchten, damit sie sich wie von Zauberhand ringeln konnten. Aber die Sache hatte eine interessante Pointe: Wenn eine im Dunkeln berührte Ranke ein oder zwei Stunden später ans Licht gebracht wurde, ringelte sie sich spontan, ohne dass Jaffe sie noch einmal reiben musste. Er erkannte, dass die Ranke, die im Dunkeln berührt worden war, diese Information irgendwie gespeichert hatte und sich daran erinnerte, sobald sie ans Licht gebracht wurde. Kann man dieses Speichern und spätere Abrufen von Information als »Gedächtnis« ansehen?

Einen Ansatz für eine Antwort auf diese Frage liefert uns der namhafte Psychologe Endel Tulving: Mithilfe seiner Forschungsarbeit über das menschliche Gedächtnis können wir Pflanzen und ihre einzigartigen »Erinnerungen« erkunden. Tulving vertritt die These, dass das menschliche Gedächtnis auf drei Ebenen arbeitet.[113] Die unterste Ebene enthält das prozedurale Gedächtnis, es bezieht sich auf die nonverbale Erinnerung daran, wie man etwas *macht,* und hängt von der Fähigkeit ab, äußere Stimuli wahrzunehmen (wie die Erinnerung daran, dass man schwimmen muss, wenn man in ein Schwimmbecken springt). Auf der zweiten Ebene liegt das semantische Gedächtnis, die Erinnerung an Begriffe (dazu gehört der Inhalt der meisten Fächer, die wir in der Schule gelernt haben). Und die dritte Ebene ist das episodische Gedächtnis, das sich auf die Erinnerung an autobiographische Ereignisse bezieht, etwa an witzige Kostüme bei Halloweenpartys in der Kindheit oder an die Verlustgefühle beim Tod eines geliebten Haustiers. Das episodische Gedächtnis hängt von der »Selbstwahrnehmung« des Individuums ab. Pflanzen schaffen es eindeutig nicht auf die Ebene des semantischen und episodischen Gedächtnisses: Diese Gedächtnisebenen definieren uns als Menschen. Aber Pflanzen können äußere Stimuli fühlen und darauf reagieren, also sollten sie nach Tulvings Definition ein prozedurales Gedächtnis besitzen.[114] Und tatsächlich illustrieren Jaffes Pflanzen ebendies. Sie spürten seine Berührung, erinnerten sich daran und ringelten sich als Reaktion darauf.

Neurobiologen wissen inzwischen viel über die Physiologie des Gedächtnisses und können die verschiedenen (aber miteinander verbundenen) Areale des Gehirns lokalisieren, die für die unterschiedlichen Arten von Gedächtnis zuständig sind. Wissenschaftlern ist klar, dass elektrische Signale zwischen Neuronen unverzichtbar sind für die Bildung und Speicherung von Erinnerungen. Aber über die molekulare und zelluläre Basis des Gedächtnisses wissen wir viel weniger. Die neueste Forschung deutet faszinierenderweise darauf hin, dass für das Behalten der schier unbegrenzten

Menge von Erinnerungen nur eine sehr kleine Anzahl von Proteinen eine Rolle spielt.[115]

Wir müssen uns darüber im Klaren sein, dass der Begriff »Gedächtnis« beim Menschen viele verschiedene Arten von Gedächtnis umfasst, auch über diejenigen hinaus, die Tulving nennt. Wir haben ein *sensorisches Gedächtnis*, das schnelle Informationen von den Sinnen empfängt und filtert (buchstäblich innerhalb eines Augenblicks); das *Kurzzeitgedächtnis*, das mehrere Sekunden lang bis zu sieben Objekte im Bewusstsein halten kann, und das *Langzeitgedächtnis*, das unsere Fähigkeit bezeichnet, Erinnerungen ein Leben lang zu behalten. Wir haben auch ein *motorisches Gedächtnis* (manchmal auch *Muskelgedächtnis* genannt), eine Art von prozeduralem Gedächtnis, mit dem wir in einem unbewussten Prozess Bewegungen erlernen, etwa, wie wir die Finger bewegen müssen, um eine Schleife zu binden. Und wir haben ein *Immungedächtnis*, in dem sich unser Immunsystem an frühere Infektionen erinnert, um sie künftig zu vermeiden. Alle außer dem letzten hängen von Funktionen des Gehirns ab. Das Immungedächtnis beruht auf der Leistung der weißen Blutkörperchen und der Antikörper.

Gemeinsam ist allen Formen von Gedächtnis, dass sie mehrere Prozesse umfassen: Erinnerung bilden (Information codieren), Erinnerung behalten (Information speichern) und Erinnerung abrufen (Information zurückholen). Sogar ein Computergedächtnis vollzieht genau diese drei Prozesse. Wenn wir danach suchen, ob es bei Pflanzen auch nur die einfachsten Erinnerungen gibt, sind dies die Prozesse, die wir finden müssen.

DAS KURZZEITGEDÄCHTNIS DER VENUSFLIEGENFALLE

Wie wir bereits gesehen haben, muss die Venusfliegenfalle wissen, wann eine lohnende Mahlzeit über ihre Blätter kriecht. Ihre Fangblätter zu schließen, kostet sie eine Unmenge Energie, und sie wieder zu öffnen, kann mehrere Stunden dauern, daher möchte *Dionaea* nur dann zuschnappen, wenn sie sicher ist, dass das Insekt, das auf ihren Blättern verweilt, auch groß genug und der Mühe wert ist. Die großen schwarzen Borsten auf den Fangblättern ermöglichen der Venusfliegenfalle, ihre Beute buchstäblich zu fühlen, und sie fungieren als Auslöser, die die Falle zuschnappen lassen, wenn sich die passende Beute über ein Blatt bewegt. Berührt ein Insekt nur eine einzige Borste, klappt die Falle nicht zu, aber ein ausreichend großer Käfer stößt innerhalb von 20 Sekunden sehr wahrscheinlich an zwei Borsten, und auf dieses Signal hin wird die Venusfliegenfalle aktiv.

Dieses System lässt sich als Entsprechung zum Kurzzeitgedächtnis ansehen. Zuerst codiert die Venusfliegenfalle die Information (bildet die Erinnerung), dass etwas (sie weiß nicht, was) eine ihrer Borsten berührt hat. Dann speichert sie diese Information für einige Sekunden (behält die Erinnerung) und ruft die Erinnerung schließlich ab (holt die Information zurück), wenn eine zweite Borste berührt wird. Wenn eine kleine Ameise eine Weile braucht, um von einer Borste zur nächsten zu krabbeln, hat die Falle die erste Berührung vergessen, bis die Ameise die nächste Borste streift. Sie verliert also die gespeicherte Information wieder, bleibt offen, und die Ameise krabbelt fröhlich weiter. Wie codiert und speichert die Pflanze die Information, dass ein ahnungsloser Käfer die erste Borste gestreift hat? Wie erinnert sie sich an die erste Berührung, um auf die zweite reagieren zu können?

Diese Fragen haben Wissenschaftlern Kopfzerbrechen bereitet, seit John Burdon-Sanderson schon 1882 seinen Aufsatz über die Physiologie der Venusfliegenfalle geschrieben hat.[116] 100 Jahre später meinten Dieter Hodick und Andreas Sievers von der Universität Bonn, die Venusfliegenfalle speichere Information darüber, wie viele Borsten berührt worden sind, in der elektrischen Ladung ihrer Blätter.[117] Ihr Modell ist in seiner Einfachheit sehr elegant. Bei ihren Arbeiten entdeckten sie, dass die Berührung einer Fühlborste der Venusfliegenfalle ein elektrisches Aktionspotenzial auslöst, das dazu führt, dass sich Calcium-Kanäle in der Falle öffnen (diese Verknüpfung von Aktionspotenzialen mit dem Öffnen von Calcium-Kanälen ähnelt den Prozessen, die bei der Kommunikation zwischen menschlichen Neuronen ablaufen), was einen schnellen Anstieg der Konzentration von Calcium-Ionen bewirkt.

Die beiden Wissenschaftler gingen davon aus, dass die Falle eine relativ hohe Calcium-Konzentration braucht, um sich zu schließen, und dass ein einziges Aktionspotenzial, ausgelöst durch die Berührung nur einer Fühlborste, nicht für dieses hohe Niveau genügt. Deshalb muss eine zweite Borste stimuliert werden, damit die Calcium-Konzentration über diese Schwelle steigt und die Falle zuschnappen lässt. Die Codierung der Information besteht im ersten Anstieg des Calcium-Spiegels. Das Behalten der Information erfordert, dass ein genügend hoher Calcium-Spiegel aufrechterhalten wird, damit ein zweiter Anstieg (ausgelöst durch die Berührung der zweiten Borste) die Gesamtkonzentration des Calciums über die kritische Schwelle hebt. Da die Konzentration der Calcium-Ionen mit der Zeit wieder sinkt, wenn die zweite Berührung nicht schnell genug ein weiteres Aktionspotenzial aktiviert, ist die Konzentration nach dem zweiten auslösenden Reiz am Ende nicht hoch genug, um die Falle zuschnappen zu lassen, und die Erinnerung geht verloren.

Spätere Arbeiten stützen dieses Modell. Alexander Volkov und seine Kollegen an der Oakwood University in Alabama haben erstmals nachgewiesen, dass sich die Venusfliegenfalle tatsächlich aufgrund von Elektrizität schließt.[118] Um das Modell zu testen, bastelten sie sich sehr feine Elektroden zurecht und leiteten elektrischen Strom in die offenen Fangblätter der Falle. Daraufhin schloss sich die Falle ohne jeden direkten Kontakt mit den Fühlborsten (dabei wurde der Calcium-Spiegel zwar nicht gemessen, aber der Strom führte wahrscheinlich zu einem Anstieg). Als sie diesen Versuch modifizierten und die Stromstärke variierten, konnte Volkov genau bestimmen, welche Elektrizitätsmenge (Ladung) die Falle brauchte, um sich zu schließen. Bei 14 Mikrocoulomb – ein ganz klein wenig mehr als die statische Ladung, die man durch das Aneinanderreiben von zwei Luftballons erzeugt – schloss sich die Falle. Diese elektrische Ladung konnte auf einen Schlag kommen oder als eine Reihe von kleinen Stößen innerhalb von 20 Sekunden. Wenn es mehr als 20 Sekunden dauerte, bis die Gesamtladung erreicht war, blieb die Falle offen.

Die elektrischen Signale in der Venusfliegenfalle (und natürlich auch die in anderen Pflanzen) gleichen denen in Neuronen beim Menschen und allen Tieren. Die Signale der Neuronen lassen sich, ebenso wie die der *Dionaea*-Blätter, durch Drogen unterbinden, die die Ionenkanäle blockieren, welche sich in den Membranen öffnen, wenn das elektrische Signal die Zelle passiert. Als Volkov zum Beispiel seine Pflanzen mit einer chemischen Substanz vorbehandelte, die bei menschlichen Neuronen Kaliumkanäle blockiert, schlossen sich die Fallen nicht, wenn sie berührt oder mit einer elektrischen Ladung stimuliert wurden.[119]

DAS LANGZEITGEDÄCHTNIS FÜR TRAUMATA

Mitte des 20. Jahrhunderts führte der tschechische Botaniker Rudolf Dostál einige eher zweifelhafte Arbeiten durch, als er das von ihm sogenannte »morphogenetische Gedächtnis« von Pflanzen untersucht hat.[120] Das ist eine Art von Gedächtnis, die später die Form oder Gestalt einer Pflanze beeinflusst. Wenn eine Pflanze zu einem bestimmten Zeitpunkt durch einen Stimulus gereizt wurde, etwa durch einen Riss in einem Blatt oder das Abbrechen eines Stängels, kann sie zunächst davon unbeeindruckt bleiben, aber wenn sich die Umweltbedingungen ändern, erinnert sich die Pflanze unter Umständen an die vergangene Erfahrung und reagiert mit einer Wachstumsveränderung.

Dostáls Versuche an Flachskeimlingen illustrieren, was er unter morphogenetischem Gedächtnis verstand. Um seine Experimente auf diesem Gebiet angemessen zu würdigen, muss man ein wenig mehr von Pflanzenanatomie verstehen. Wenn die Keimlinge von Flachs oder Lein aus dem Boden wachsen, haben sie zwei große Blätter, die man Keimblätter oder Kotyledonen nennt. In der Mitte dieser beiden Kotyledonen befindet sich die sogenannte Sprossspitze, die aus dem zentralen Stängel der Pflanze herauswächst. Wenn der Spross größer wird, bilden sich weiter unten zwei Seitentriebe, die jeweils zu einem Blatt hingewandt sind. Unter normalen Bedingungen ruhen die Seitentriebe – sie wachsen nicht. Wenn jedoch die Spitze des Hauptsprosses verletzt oder abgeschnitten wird, dann beginnen die Seitensprosse zu wachsen und sich zu strecken, und jeder bildet einen neuen Zweig, an dem der jeweilige Seitentrieb zur Sprossspitze wird. Diese Hemmung der Seitentriebe zugunsten des Hauptsprosses nennt man Apikaldominanz, und diese Hemmung aufzuheben, ist der Hauptzweck der Beschneidung von Pflanzen. Wenn Sie

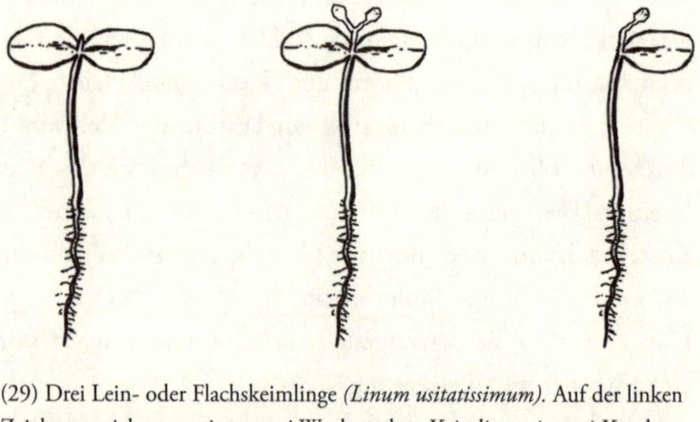

(29) Drei Lein- oder Flachskeimlinge *(Linum usitatissimum).* Auf der linken Zeichnung sieht man einen zwei Wochen alten Keimling mit zwei Kotyledonen und einer Sprossspitze (die kleine Spitze zwischen den beiden Keimblättern). Die mittlere Zeichnung zeigt einen ähnlichen Keimling, dem man jedoch die Sprossspitze gekappt hat und dessen Seitensprosse etwa eine Woche lang gewachsen sind. Ganz rechts sieht man einen Keimling, dem die linke Kotyledone entfernt wurde, ehe man die Sprossspitze abschnitt.

(30) Lein oder Flachs *(Linum usitatissimum)*.

einen Gärtner die Hecken vor einem Haus schneiden sehen, dann entfernt er – wenn er korrekt schneidet – die Haupttriebe von jeder Pflanze, wodurch er das Wachstum von Seitenblättern und neuen Zweigen fördert.

Unter normalen Bedingungen wachsen beide Seitensprosse gleichmäßig, wenn der Hauptspross gekappt wurde. Aber Dostál fiel auf, dass bei Entfernung der einen Kotyledone vor dem Abschneiden des Hauptsprosses nur ein einziger Seitentrieb weiterwuchs, nämlich der bei dem verbliebenen Keimblatt.[121] Dieses Ergebnis mag vielleicht nach einem klassischen Fall von Reiz-Reaktion aussehen. Aber jetzt wird es spannend. Als Dostál diesen Versuch wiederholte und die Pflanze dabei mit rotem Licht bestrahlte, wuchs der Seitentrieb, der dem *fehlenden* Keimblatt am nächsten gewesen war, was beweist, dass beide Triebe das Potenzial zum Wachsen behalten.

Dostáls Forschung wurde von Michel Thellier an der Universität von Rouen in der Normandie fortgesetzt. Thellier, Mitglied der Académie des sciences, entfernte die Spitze des Hauptsprosses bei der Pflanze seiner Wahl, *Bidens pilosa* (Behaarter Zweizahn), und beobachtete, dass danach beide Seitensprosse mehr oder weniger gleichmäßig zu wachsen begannen.[122] Wenn er jedoch einfach eine der beiden Kotyledonen verletzte, dann wuchs nur der Seitentrieb neben dem gesunden Keimblatt weiter. Um diese Reaktion zu erzielen, brauchte Thellier die Kotyledone nicht schwer zu malträtieren, es reichte, wenn er beim Abschneiden der Sprossspitze viermal mit einer Nadel in das Blatt stach. Schon diese eher leichte Verletzung führte zu einem asymmetrischen Wachstum der Seitentriebe.

Wo aber kommt nun das Gedächtnis der Pflanze ins Spiel, da es doch augenscheinlich um ein weiteres klassisches Reiz-Reaktions-Phänomen geht? Also: Thellier verlängerte bei diesen Versuchen gelegentlich den Zeitraum zwischen der Verletzung der Keimblätter und dem Abschneiden des Haupttriebes – sogar bis zu zwei Wochen. Und siehe da, jener Seitentrieb, der am weitesten von dem verletzten Keimblatt entfernt war, wuchs, nicht aber beide Seitentriebe. Daraus schloss Thellier, dass *Bidens pilosa* diese »traumatische« Erfahrung in irgendeiner Weise speichern musste und einen Mechanismus besaß, um sie abzurufen, sobald der Hauptspross entfernt wurde, auch wenn das viele Tage später geschah.

Das anschließende Experiment bestätigte die Vermutung, dass der Spross des Behaarten Zweizahns sich erinnerte, welches der Keimblätter in seiner Nähe verletzt worden war.

(31) Behaarter Zweizahn *(Bidens pilosa)*.

Diesmal stach Thellier eine der Kotyledonen wie zuvor, aber einige Minuten später entfernte er *beide* Keimblätter. Er stellte fest, dass die Pflanze die Erinnerung an das Stechen behielt: War der Hauptspross in der Mitte gekappt, wuchs der Seitenspross gegenüber der ursprünglich verletzten Kotyledone stärker als der auf der Seite der frisch verletzten Kotyledone. Es ist noch nicht klar, wie diese Information im Hauptspross gespeichert wird, aber eine vielversprechende Möglichkeit ist, dass das Signal etwas mit Auxin zu tun hat – dem Hormon, dem wir schon im Kapitel *Woher eine Pflanze weiß, wo sie ist* begegnet sind.

DIE GROSSE KÄLTE

Trofim Denissowitsch Lyssenko war berühmt-berüchtigt für seinen Einfluss auf die Wissenschaft in der Sowjetunion.[123] Er lehnte die klassische Mendel'sche Vererbungslehre ab (die auf dem Prinzip beruht, dass alle Eigenschaften von Organismen das Ergebnis ererbter Gene sind) und vertrat die Idee, dass die Umgebung zur Entwicklung adaptiver Eigenschaften führt (wie etwa der Blindheit bei Maulwürfen, die immer im Dunkeln leben), die an nachfolgende Generationen weitergegeben werden können. Diese alternative Evolutionstheorie, die ursprünglich der namhafte französische Naturforscher Jean-Baptiste Lamarck im frühen 19. Jahrhundert aufgestellt hatte, passte exakt in die politische Ideologie, wonach das Proletariat durch die Umgebung verändert werden könne. Das sowjetische Establishment war von Lyssenko derart angetan, dass es von 1948 bis 1964 in der Sowjetunion verboten war, von seinen Theorien abweichende Meinungen vorzubringen. Jenseits der politischen Verflechtungen machte Lyssenko 1928 eine bahnbrechende Entdeckung, die die Pflanzenbiologie bis heute beeinflusst.

Sowjetische Bauern pflanzen sogenannten Winterweizen an – Weizen, der im Herbst ausgesät wird, vor dem Winterfrost keimt und dann ruht, bis sich die Erde im Frühjahr wieder erwärmt und er blüht. Winterweizen kann nicht blühen und später im Frühling Korn produzieren, wenn er im Winter nicht eine Frostperiode durchmacht. Die späten 1920er-Jahre waren für die sowjetische Landwirtschaft katastrophal, weil durch ungewöhnlich milde Winter die meisten Keimlinge des Winterweizens abstarben – Keimlinge, auf die die Bauern für die Produktion von Getreide für Millionen Menschen angewiesen waren.

Lyssenko arbeitete unermüdlich daran, wenn irgend möglich wenigstens eine magere Ernte zu retten und Wege zu finden, die sicherstellten, dass milde Winter in Zukunft nicht mehr zu Hungersnöten führten. Dabei entdeckte er Folgendes: Wenn er Saatgut für Winterweizen vor dem Ausbringen in einen Gefrierschrank legte, konnte er die Samen zum Keimen und Blühen bringen, ohne dass sie einen langen Winter erlebt hatten. Auf diese Weise ermöglichte er den Bauern, Weizen im Frühjahr auszusäen, und half damit die Weizenerträge in seinem Land zu retten. Lyssenko nannte diesen Prozess »Vernalisation«, was heute als Begriff für jede Art von Kältebehandlung akzeptiert ist, sei sie natürlich oder künstlich.

(32) Weichweizen *(Triticum aestivum).*

Aber Lyssenko irrte sich leider mit seiner Behauptung, dass das Merkmal der durch Kälte herbeigeführten Blüte an die nächste Generation weitervererbt werden konnte. Er war überzeugt, dass seine Manipulation der Umweltbedingungen der Weizensaat zu einer dauerhaften Veränderung in der Genetik des Weizens führen würde, was natürlich falsch war. Inzwischen verstehen die Wissenschaftler, wie die Umgebung die Merkmale von Pflanzen über Generationen hinweg beeinflussen kann, und dazu werden wir auch gleich kommen, aber Lyssenkos Bestreben, seine politische Ideologie mit seiner wissenschaftlichen Arbeit zu verzahnen, hatte katastrophale Folgen und hemmte die Entwicklung der genetischen Forschung in der Sowjetunion ganz erheblich.[124]

Andere Wissenschaftler vor Lyssenko wussten, dass manche Pflanzen kaltes Wetter brauchen, um blühen zu können (einer der ersten Berichte darüber kam 1857 vom Ohio Board of Agriculture), aber Lyssenko hat als Erster gezeigt, dass man diesen Prozess künstlich manipulieren kann.[125] Viele Pflanzen brauchen die kalten Wintertemperaturen zur Vorbereitung ihrer Frucht; viele Obstbäume werden nur nach einem kalten Winter blühen und Frucht ansetzen, und auch Salat und *Arabidopsis*-Samen keimen nur nach einer Kälteperiode. Der ökologische Vorteil einer Vernalisation ist klar: Sie gewährleistet, dass eine Pflanze nach dem kalten Winter im Frühjahr oder Sommer keimt oder blüht und nicht zu einer anderen Jahreszeit, in der die Lichtmenge und die Temperatur ebenfalls für das Wachstum einer Pflanze ausreichend wären.

Beispielsweise haben die Kirschbäume in Washington, D. C., normalerweise ihre erste Blüte um den 1. April, wenn es ungefähr zwölf Stunden Tageslicht gibt. Auch Mitte September ist der Tag in Washington rund zwölf Stunden lang, aber im Herbst blühen diese Kirschbäume niemals: Täten sie das, würden ihre Früchte nie voll ausreifen können, weil sie bald im herannahenden Winter erfrieren würden. Wenn die Kirschblüten im Frühling aufgehen, haben sie ganze fünf Monate Zeit, ihre Früchte reifen zu lassen. Obwohl also die Tageslänge im April und im September genau gleich ist, können die Bäume zwischen den beiden Monaten unterscheiden. Sie wissen, wann April ist, weil sie sich an den vorangegangenen Winter erinnern.

Was einen Weizenkeimling oder einen Kirschbaum befähigt, sich an den Winter zu erinnern, wird erst seit etwa zehn Jahren deutlicher, vor allem durch Forschung an der altbewährten *Arabidopsis*. Die Ackerschmalwand wächst von Natur aus in vielerlei Umgebungen und Zonen, vom nördlichen Norwegen bis zu den Kanarischen Inseln. Diese unterschiedlichen Populationen von *Arabidopsis thaliana* nennt man Ökotypen. Ackerschmalwand-Ökotypen, die in nördlichen Klimazonen wachsen, brauchen Vernalisation, um zu blühen, während diejenigen, die in wärmeren Klimazonen wachsen, gut ohne diese auskommen. Diese Voraussetzung der Vernalisation ist in den Genen der nördlichen Ökotypen codiert. Kreuzt man eine Pflanze, die einen Winter braucht, um blühen zu können, mit einer Pflanze, die das nicht braucht, benötigen die Nachkommen noch immer eine Kälteperiode, um zu blühen; dieses Benötigen von Kälte ist genetisch ein dominantes Merkmal (so wie bei der menschlichen Vererbung braune Augen gegenüber blauen Augen dominant sind). Das dafür spezifische Gen heißt *FLC* und steht für *flowering locus C.* In der dominanten Variante hemmt *FLC* die Blüte, bis die Pflanze eine Kälteperiode erlebt hat.

Hat die Pflanze eine Phase der Vernalisation erlebt, wird das *FLC*-Gen nicht mehr transkribiert; das Gen wird abgeschaltet. Das bedeutet jedoch nicht, dass die Pflanze sofort zu blühen beginnt; es bedeutet nur, dass die Pflanze blühen *könnte*, wenn andere Bedingungen wie Licht und Temperatur erfüllt werden. Also muss die Pflanze eine Möglichkeit haben, sich daran zu erinnern, dass sie einmal eine Zeit der Kälte durchlebt hat, damit sie das *FLC* abgeschaltet lässt, auch wenn inzwischen die Temperaturen gestiegen sind.

Viele Forscher haben zu verstehen versucht, wie die Vernalisation *FLC* abschaltet und wodurch es anschließend auch so bleibt. Diese Untersuchungen haben erhellt, wie die Epigenetik mit der Erinnerung einer Pflanze an den Winter verflochten ist.[126] »Epigenetisch« heißen solche Veränderungen in der Genaktivität, die keine Veränderungen im DNA-Code benötigen, wie etwa die Mutation, die aber dennoch von Eltern zu Nachkommen weitergegeben werden.* In vielen Fällen funktioniert die Epigenetik über Veränderungen in der Struktur der DNA.

In den Zellen ist die DNA in Chromosomen organisiert, die viel mehr sind als einfache Nukleotidketten. Die Doppelhelix der DNA windet sich um Proteine namens Histone, die das sogenannte Chromatin bilden. Das Chromatin kann sich noch stärker winden, genau wie ein übermäßig

* Die Epigenetik umfasst ein breites Spektrum von erblichen Veränderungen, die von der DNA-Sequenz unabhängig sind. Dazu gehören Histone, chemische Änderungen der DNA (z. B. Methylierung – s. S. 195), verschiedene Typen von kleinen RNAs und infektiöse Proteine namens Prionen.

verdrehtes Gummiband, und drückt die DNA und die Proteine zu stark aufgewickelten und dicht gepackten Strukturen zusammen. Diese Strukturen sind dynamisch: Verschiedene Teile des Chromatins können sich wieder abwickeln und neu verdichten. Aktive Gene (solche, die transkribiert werden) finden sich in abgewickelten Teilen des Chromatins, während inaktive Gene in den stärker verdichteten Regionen liegen.*

Die Histon-Proteine gehören zu den Schlüsselfaktoren, die darüber entscheiden, wie dicht das Chromatin gepackt wird. Das ist für das Verständnis der *FLC*-Aktivierung sehr wichtig. Wissenschaftler haben entdeckt, dass die Behandlung mit Kälte eine Veränderung in der Struktur der Histone rund um das *FLC*-Gen bewirkt (dieser Prozess wird »Methylierung« genannt), wodurch die Pflanze dann blühen kann. Diese epigenetische Veränderung (der Histon-Art um das Gen) wird von den Elternzellen über mehrere Generationen an die Tochterzellen weitergegeben, und das *FLC*-Gen bleibt in allen Zellen inaktiv, auch *nachdem* das kalte Wetter aufgehört hat. Ist das *FLC* erst einmal abgeschaltet, können die Pflanzen warten, bis auch die übrigen Umweltbedingungen für die Blüte ideal sind. Bei mehrjährigen Pflanzen wie Eichen und Azaleen, die einmal im Jahr blühen, muss das *FLC*-Gen reaktiviert werden, wenn die Pflanze geblüht hat, um wahlloses Blühen außerhalb der richtigen Jahreszeit zu verhindern, bis der nächste Winter vorüber ist.

* Ein wichtiges Unterscheidungsmerkmal für Zelltypen wie etwa Blutzellen gegenüber Leberzellen beim Menschen oder Pollen gegenüber Blattzellen bei Pflanzen ist die Struktur ihres Chromatins, die Einfluss darauf hat, welche Gene aktiviert werden.

Das bedeutet, dass die Zellen ihren Histonen-Code neu programmieren müssen, wobei das Chromatin um das *FLC*-Gen geöffnet und reaktiviert wird.[127] Wie das geschieht und wie es reguliert wird, ist Gegenstand aktueller Forschungsarbeiten.[128]

Dieser epigenetische Mechanismus sowie andere mehr spielen eine Rolle dabei, dass Pflanzen sich an viele Umweltbedingungen erinnern. Aber ein epigenetisches Gedächtnis ist nicht für Pflanzen spezifisch, sondern bildet die Basis zahlreicher biologischer Prozesse und auch Krankheiten. Die Epigenetik hat in der Biologie einen Paradigmenwechsel verursacht, weil sie dem klassischen genetischen Konzept entgegensteht, nach dem die einzigen Veränderungen, die von einer Zelle zur nächsten weitergegeben werden können, diejenigen der DNA-Sequenz sind. Das wahrhaft Erstaunliche an der Epigenetik aber ist, dass sie nicht nur eine Erinnerung von einer Jahreszeit zur nächsten in einem einzigen Organismus ermöglicht, sondern auch von Generation zu Generation.

VON GENERATION ZU GENERATION

Erinnerungen der Menschen werden aktiv von einer Generation an die nächste weitergegeben – etwa durch Rituale, Geschichtenerzählen, Aufzeichnungen. Ein Generationen übergreifendes Gedächtnis, das mit Epigenetik zu tun hat, ist aber etwas vollkommen anderes. Bei dieser Art von Erinnerung geht es normalerweise um Information über Umweltstress oder physischen Stress, die von den Eltern an die Nachkommen übergeht. Das Labor von Barbara Hohn in

Basel war das erste, das Belege für ein solches transgenerationales Gedächtnis erbrachte.[129] Hohn und ihre Kollegen wussten, dass Bedingungen, die für eine Pflanze Stress bedeuten, wie ultraviolettes Licht oder ein pathogener Angriff, zu Veränderungen im Genom der Pflanze führen, die zu neuen Kombinationen der DNA führen.

Diese durch Stress ausgelösten Veränderungen sind ökologisch sinnvoll, weil eine Pflanze – wie jeder andere Organismus – Wege finden muss, unter Stress zu überleben. Eine Möglichkeit, das zu bewerkstelligen, liegt für Pflanzen in einer genetischen Variante. Hohns verblüffende Untersuchung zeigte, dass die gestressten Pflanzen nicht nur die DNA neu kombinieren, sondern dass auch ihre Nachkommen diese neue Kombination übernehmen, obwohl sie selbst niemals direkt irgendeinem Stress ausgesetzt waren. Der Stress bei den Elternpflanzen verursachte eine stabile, erbliche Veränderung, die an alle Tochterpflanzen weitergegeben wurde: Die Pflanzen verhielten sich, als wären sie Stress ausgesetzt worden. Sie erinnerten sich, dass die Elternpflanzen diesen Stress erlebt hatten, und reagierten ähnlich.

Dieser Gebrauch des Wortes »erinnern« mag unorthodox erscheinen, aber analysieren wir das einmal im Lichte der drei Schritte der Erinnerung, die wir zu Beginn dieses Kapitels aufgeführt haben: Die Elternpflanzen bildeten die Erinnerung an den Stress, behielten die Erinnerung und reichten sie an die Nachkommen weiter; die Nachkommen riefen die Information ab und reagierten entsprechend, in diesem Fall mit Veränderungen im Genom.

Die Implikationen dieser Untersuchung sind sehr weitreichend. Das Erleben von Umweltstress verursacht eine erbliche Veränderung, die an nachfolgende Generationen weitergegeben wird. Das passt hervorragend zu den Theorien von Jean-Baptiste Lamarck, der – wie Sie sich vielleicht noch erinnern – behauptet hatte, die Evolution beruhe auf der Vererbung erworbener Eigenschaften. Die Pflanzen von Barbara Hohn erwarben nach Stress durch UV-Licht oder pathogene Angriffe die Eigenschaft gesteigerter genetischer Variationsbreite und gaben sie an alle Nachkommen weiter (und eine einzige *Arabidopsis*-Pflanze bringt Tausende von Samen hervor!). Durch Mutationen in der DNA-Sequenz der gestressten Pflanzen kann das nicht erklärt werden, weil diese höchstens an einen äußerst geringen Anteil der Nachkommen weitergegeben werden könnten. Wenn Stress hingegen eine epigenetische Veränderung auslöste, könnte das in *allen* Zellen gleichzeitig geschehen, einschließlich Pollen und Eizellen, und an die ganze nächste Generation (und an viele zukünftige) vererbt werden. Nun spekulieren Wissenschaftler zwar über die Natur der epigenetischen Veränderung, die bei diesen Erinnerungen eine Rolle spielt, aber noch wurde sie nicht entdeckt.

Igor Kovalchuk führte eine Anschlussuntersuchung durch, bei der er auch die Wirkung anderer Stressvarianten auf die genetische Variation von Pflanzen und ihren Abkömmlingen berücksichtigte, darunter auch Hitze und Salz.[130] Er zeigte, dass diese verschiedenen Schädigungen durch die Umwelt die Häufigkeit eines genomischen Umbaus nicht nur bei der Elterngeneration, sondern auch bei der zweiten Generation erhöht. Kovalchuks Ergebnisse verrieten sogar noch mehr. Die zweite Generation wies nicht nur eine höhere genetische Variationsbreite auf, was Hohns Resultate bestätigte, sondern hatte auch eine höhere Toleranz gegenüber den verschiedenen Arten von Stress. Anders ausgedrückt gingen aus gestressten Elternpflanzen Nachkommen hervor, die unter widrigen Bedingungen besser gediehen als normale Pflanzen. Die verschiedenen Stress-Arten führen bei der Elterngeneration beinahe sicher zu epigenetischen Veränderungen in der Chromatinstruktur, die sie dann an die nächste Generation weitergibt. Das nehmen wir deshalb an, weil Kovalchuks Gruppe gezeigt hat, dass die Tochtergeneration dann, wenn sie mit einer chemischen Substanz behandelt wurde, welche epigenetische Informationen löscht, ihre Fähigkeit einbüßte, trotz Stresseinwirkung aus der Umwelt zu gedeihen. Hohns Ergebnisse wurden nicht von allen akzeptiert, wie es oft in der Wissenschaft der Fall ist, wenn eine Arbeit einen Paradigmenwechsel bedeutet.[131]

Aber eine wachsende Anzahl von Beispielen zementiert die Vorstellung, dass es ein transgenerationales Gedächtnis gibt. So hat etwa mein Kollege Georg Jander von der Cornell University gezeigt, dass »die Enkel« von *Arabidopsis*-Pflanzen, die von Raupen befallen wurden, noch immer von Jasmonsäure abhängige Abwehrmechanismen an den Tag legten, die dazu führten, dass Raupen um bis zu 50 Prozent kleiner blieben als normal.[132] Diese transgenerationale Erinnerung war von einem weiteren epigenetischen Mechanismus abhängig, bei dem kleine RNA-Moleküle eine Rolle spielen.

Der Konsens darüber, dass diese Ergebnisse und auch die anderer Wissenschaftler eine neue Ära in der Genetik eingeleitet haben, wächst.[133] Die Auffassung, dass Stress zu Erinnerungen führt, die von einer Generation zur nächsten weitergegeben werden, wird von einer steigenden Anzahl von

Untersuchungen gestützt, nicht nur bei Pflanzen, sondern auch bei Tieren. In allen Fällen beruht diese »Erinnerung« auf irgendeiner Art von epigenetischer Vererbung.[134]

INTELLIGENTES GEDÄCHTNIS?

Pflanzen haben offenkundig die Fähigkeit, biologische Information zu speichern und wieder abzurufen. Das heißt aber nicht, dass sich die Pflanzen an alles erinnern. Tatsächlich vergessen Pflanzen vielleicht viel mehr als sie behalten, besonders wenn es um die Erinnerung an Stress geht.[135] Erinnerungen, die zu einer festgelegten Reaktion führen, wären in einer Umgebung mit vorhersagbaren Veränderungen hilfreich, die sich wiederholen. Aber in einer stabilen oder unberechenbaren Umgebung wäre eine vollständige Rückkehr zum Zustand vor dem Stress – mit anderen Worten das »Vergessen« des Stresses – eine bessere Strategie für die Pflanze. Wir können das folgendermaßen verstehen: Wozu ist ein Gedächtnis gut, wenn es uns nicht hilft, uns zukünftig anders zu verhalten? Ganz neue Studien weisen darauf hin, dass das Gleichgewicht zwischen Erinnern und Vergessen von der Phase der Erholung vom Stress beeinflusst wird, das heißt, davon, wie viel Zeit seit dem letzten Stress vergangen ist. Mechanistisch könnte das von der Stabilität bestimmter Boten-RNA-Moleküle in der Zelle vermittelt werden. Intuitiv wissen wir, dass Pflanzenerinnerungen etwas ganz anderes sind als die detaillierten und emotionsgeladenen Erinnerungen, die wir jeden Tag abrufen. Im Grunde schaffen die Verhaltensweisen der verschiedenen Pflanzen, die in diesem Kapitel beschrieben wurden, mittels der Erinnerung Abhilfe für aufgetretene Schwierigkeiten. Das Sich-Ringeln der Ranken, das Zuschnappen der Venusfliegenfalle und die Erinnerung der *Arabidopsis* an Umweltstress erfordern jeweils die Prozesse, eine Erinnerung an ein Ereignis zu knüpfen, die Erinnerung für bestimmte Zeiträume zu behalten und sie zu einem späteren Zeitpunkt wieder abzurufen, um eine spezifische Entwicklungsreaktion herbeizuführen.

Viele der Mechanismen, die beim Pflanzengedächtnis eine Rolle spielen, sind auch am menschlichen Gedächtnis beteiligt, darunter eben die Epigenetik sowie auch die Glutamatrezeptoren. Pflanzenforscher haben im Laufe der vergangenen Jahre entdeckt, dass pflanzliche Zellen nicht nur mithilfe elektrischer Spannung kommunizieren (wie wir in mehreren Kapiteln gesehen haben), sondern dass Pflanzen auch Proteine aufweisen, die bei Menschen und Tieren als Neurorezeptoren bekannt sind. Ein sehr gutes Beispiel dafür sind die Glutamatrezeptoren. Sie sind im Gehirn sehr wichtig für die Kommunikation zwischen den Nervenzellen, für die Bildung von Erinnerungen und das Lernen, und sie sind auch das Ziel für eine Reihe von neuroaktiven Medikamenten. Es war daher eine große Überraschung für die Wissenschaftler an der New York University, als sie entdeckten, dass auch Pflanzen Glutamatrezeptoren besitzen und dass *Arabidopsis*-Pflanzen für neuroaktive Wirkstoffe empfänglich sind, die die Aktivität der Glutamatrezeptoren verändern.[136] Was sollten Pflanzen mit Neurorezeptor-Proteinen wie dem Glutamatrezeptor anfangen, vor allem, wenn man bedenkt, dass sie keine Neuronen haben? Weiterführende Arbeiten von José Feijó und seiner Gruppe in Portugal zeigen, dass diese

Rezeptoren bei Pflanzen eine ganz ähnliche Rolle für die Signalleitung von Zelle zu Zelle spielen wie beim Menschen für die Kommunikation zwischen Neuronen.[137] Das lässt uns staunend nach der evolutionären Rolle von »Gehirnrezeptoren« bei Pflanzen fragen. Vielleicht sind die Ähnlichkeiten zwischen der menschlichen Gehirnfunktion und der Pflanzenphysiologie größer als wir bisher vermutet haben.

Das Pflanzengedächtnis ist wie das menschliche Immungedächtnis weder ein semantisches noch ein episodisches Gedächtnis im Sinne Tulvins, sondern eher ein prozedurales Gedächtnis, also ein Gedächtnis dafür, wie man etwas macht. Die Erinnerung daran hängt von der Fähigkeit ab, äußere Stimuli wahrzunehmen. Tulvin war darüber hinaus der Meinung, dass diese drei Gedächtnisebenen mit einem jeweils höheren Grad von Bewusstsein verbunden sind:[138] das prozedurale Gedächtnis mit dem anoetischen Bewusstsein, das semantische mit dem noetischen Bewusstsein und das episodische mit dem autonoetischen Bewusstsein. Pflanzen entsprechen eindeutig nicht der Definition des Bewusstseins, die mit dem semantischen oder episodischen Gedächtnis verbunden ist. Aber in einer Stellungnahme in einem Artikel aus jüngster Zeit dazu heißt es: »Die niedrigste Ebene des Bewusstseins, die für das prozedurale Gedächtnis charakteristisch ist – das anoetische Bewusstsein – bezieht sich auf die Fähigkeit eines Organismus, auf äußere und innere Stimulierung zu reagieren, und dazu sind alle Pflanzen und einfachen Tiere fähig.«[139] Das führt uns zur faszinierendsten aller Fragen: Wenn Pflanzen unterschiedliche Arten von Erinnerung an den Tag legen und eine Art von Bewusstsein haben, sollten wir sie dann als intelligent ansehen?

EPILOG:
DIE WAHRNEHMENDE PFLANZE

»Intelligenz« ist ein Begriff mit schwerem Gepäck. Jeder, von Alfred Binet, dem Erfinder des umstrittenen Intelligenztests, bis hin zu dem namhaften Psychologen Howard Gardner, hat eine andere Auffassung davon, was genau es bedeutet, jemanden als »intelligent« einzustufen.[140] Manche Forscher halten Intelligenz für eine Gabe, die nur dem Menschen zueigen ist, andererseits haben wir alle schon Berichte gesehen, nach denen Tiere – von Orang-Utans bis zu Tintenfischen – Eigenschaften aufweisen, die einigen Definitionen von »Intelligenz« durchaus standhalten.[141] Definitionen von Intelligenz auch auf Pflanzen anzuwenden, ist jedoch noch viel umstrittener, obwohl die Frage nach intelligenten Pflanzen nicht neu ist. Dr. William Lauder Lindsay, der im Doppelberuf Arzt und Botaniker war, schrieb schon 1876: »Es scheint mir, dass gewisse Eigenschaften des Geistes, der beim Menschen zutage tritt, auch bei Pflanzen vorhanden sind.«[142]

Anthony Trewavas, ein angesehener Pflanzenphysiologe an der University of Edinburgh und einer der ersten modernen Verfechter der Pflanzenintelligenz, erklärt, Menschen seien zwar offenkundig intelligenter als Tiere, es sei jedoch wenig wahrscheinlich, dass Intelligenz als biologische Eigenschaft nur beim *Homo sapiens* entstanden sei.[143] Dementsprechend sieht er in der Intelligenz, so wie auch in der Körperform oder der Atmung, eine biologische Eigenschaft, die sich durch natürliche Selektion aus Eigenschaften entwickelt hat, die schon bei früheren Organismen vorhanden waren. Tatsächlich können viele der in diesem Buch diskutierten Phänomene bis zu einem gemeinsamen Vorläufer von Pflanzen und Tieren zurückverfolgt werden. Das haben wir deutlich bereits an den »Taubheitsgenen« gesehen, die Pflanzen und Menschen gleichermaßen besitzen. Diese Gene traten bei einem gemeinsamen urzeitlichen Vorfahren von Pflanzen und Tieren auf, und Trewavas ist der Meinung, damals sei auch bereits eine rudimentäre Intelligenz vorhanden gewesen.

Charles Darwin ging sogar so weit, zu behaupten, dass die Wurzeln einer Pflanze dem Gehirn von Tieren ähnlich wären. Im letzten Absatz seines Buches *Das Bewegungsvermögen der Pflanzen* kommt Darwin zu dem Schluss: »Wir glauben, dass es bei Pflanzen keine wunderbarere Bildung gibt, soweit die Functionen derselben in Betracht kommen, als die Spitze des Würzelchens. … Sie [die Spitze] hat daher derartige verschiedene Arten von Empfindlichkeiten erlangt. Es ist kaum eine *Übertreibung*, wenn man sagt, dasz die in dieser Weise ausgerüstete Spitze des Würzelchens, welche das Vermögen die Bewegungen der benachbarten Theile zu leiten hat, gleich dem Gehirn eines der niederen Thiere wirkt.«[144] Mit ein wenig Fantasie betrachtet, weisen die Anatomie und die Physiologie von Pflanzen zahlreiche Ähnlichkeiten mit den neuralen Netzwerken von Tieren auf.

Einige Ähnlichkeiten sind offenkundig wie die elektrischen Signale, denen wir bei der Venusfliegenfalle und der Mimose begegnet sind, und manche sind eher strittig wie die Meinung, dass der Aufbau von Pflanzenwurzeln ähnlich sei wie der Aufbau neuronaler Netze, die sich bei verschiedenen Tieren finden.[145]

Stefano Mancuso an der Universität Florenz und František Baluška an der Universität Bonn und ihre Kollegen haben Darwins Hypothese von der Ähnlichkeit zwischen Wurzeln und Gehirn weiterentwickelt und benutzen sogar den Begriff »Pflanzen-Neurobiologie«, um die Ähnlichkeit zwischen Pflanzen und Tieren zu unterstreichen.[146]

Viele Verfechter der Pflanzenneurobiologie wären freilich selbst die Ersten, die zugeben würden, dass der Begriff an sich schon eine Provokation darstellt und daher sehr geeignet ist, um weitere Debatten und Diskussionen über die Parallelen zwischen den Wegen der Informationsverarbeitung bei Pflanzen und Tieren anzuregen. Metaphern helfen uns, wie Trewavas und andere erklärten, Verbindungen herzustellen, die wir normalerweise nicht ziehen würden. Wenn wir durch den Gebrauch des Begriffs »Pflanzenneurobiologie« die Leute dazu herausfordern können, ihre Auffassung von Biologie im Allgemeinen und der Pflanzenbiologie im Besonderen neu zu überdenken, dann hat er seinen Sinn. Aber eines muss klar sein: Ganz gleich, welche Ähnlichkeiten wir auf der genetischen Ebene zwischen Pflanzen, Tieren und Menschen finden mögen (und sie sind, wie wir gesehen haben, bedeutend), so handelt es sich doch um zwei jeweils einzigartige evolutionäre Anpassungsformen für vielzelliges Leben, die beide auf Zelltypen, Gewebe und Organe angewiesen sind, die für ihr jeweiliges Reich einzigartig sind. Beispielsweise entwickeln die Wirbeltiere ein knöchernes Skelett, das Gewicht trägt, während Pflanzen einen hölzernen Stamm ausbilden. Beides erfüllt ähnliche Funktionen, aber jede Form ist biologisch einzigartig.*

Nun könnten wir zwar »pflanzliche Intelligenz« als eine weitere Facette der vielfältigen Formen von Intelligenz definieren, aber eine solche Definition bringt weder unser Verständnis von Intelligenz noch das von Pflanzen einen Schritt weiter. Ich meine, die Frage sollte nicht lauten, ob Pflanzen *intelligent* sind oder nicht – es kann ewig dauern, bis wir uns alle einig sind, was dieser Begriff überhaupt bedeutet; die Frage sollte vielmehr lauten: »Nehmen Pflanzen wahr?« Und das tun sie. Pflanzen nehmen die Welt um sie herum intensiv wahr. Sie sind sich ihrer visuellen Umgebung gewahr, sie unterscheiden zwischen rotem, blauem, dunkelrotem und ultraviolettem Licht und reagieren entsprechend. Sie nehmen die Gerüche in ihrer Nähe wahr und reagieren auf winzige Mengen flüchtiger Substanzen in der Luft, die sie umweht. Pflanzen wissen, wann sie berührt werden, und können verschiedenartige Berührungen unterscheiden. Sie nehmen die Schwerkraft wahr und können ihre äußere Gestalt ändern, um sicherzustellen, dass ihre Triebe nach oben und ihre Wurzeln nach unten wachsen. Und Pflanzen ken-

* Im Anschluss an die anfängliche Kontroverse und viele Diskussionen änderten die Pflanzenneurobiologen 2009 den Namen ihrer Fachgesellschaft von »Society for Plant Neurobiology« in das eher akzeptierte »Society of Plant Signaling and Behavior« (wobei auch »Behavior« – Verhalten – ein interessanter Begriff ist, den man intuitiv nicht mit Pflanzen in Verbindung bringt).

nen ihre Vergangenheit: Sie erinnern sich an zurückliegende Infektionen und an schwierige Bedingungen, mit denen sie fertig geworden sind, und modifizieren ihre aktuelle Physiologie aufgrund dieser Erinnerungen.

Wenn eine Pflanze wahrnimmt, was bedeutet das dann für unseren eigenen Umgang mit der Pflanzenwelt? Eine wahrnehmende Pflanze registriert uns Menschen ja durchaus nicht als Individuen. Wir sind nur einer von vielen äußeren Faktoren, die die Chancen einer Pflanze, zu überleben und sich erfolgreich fortzupflanzen, entweder erhöhen oder mindern. Wenn wir eine Anleihe bei den Begriffen der Freud'schen Psychologie machen, könnten wir sagen: Die Psyche der Pflanze besitzt kein Ich und kein Über-Ich, sie könnte aber ein Es haben – jenen unbewussten Teil der Psyche, der Sinnesdaten empfängt und instinktiv arbeitet.

Eine Pflanze ist sich ihrer Umwelt gewahr, und Menschen sind Teil dieser Umwelt. Aber sie nimmt nicht die Myriaden von Gärtnern und Pflanzenbiologen wahr, die Beziehungen zu ihren Pflanzen entwickeln, die sie als persönliches Verhältnis betrachten. Zwar können diese Beziehungen für den Betreuer von Bedeutung sein, aber sie haben eine gewisse Ähnlichkeit mit der Beziehung eines Kindes zu einem imaginären Spielgefährten: Ihre Bedeutung ist einseitig. Ich habe weltberühmte Naturwissenschaftler und experimentierende Studenten in den Anfangssemestern bei der Beschreibung ihrer Pflanzen gleichermaßen munter anthropomorphe Sprache benutzen hören: Die Pflanzen sahen »nicht sehr glücklich« aus, wenn ihre Blätter von Mehltau befallen waren, oder »zufrieden«, nachdem sie gegossen worden waren.

Diese Begriffe stehen für unsere eigene, subjektive Einschätzung des entschieden emotionslosen physiologischen Zustands einer Pflanze. Bei allem Reichtum an Sinneseindrücken, den Pflanzen und Menschen wahrnehmen, verwandeln doch nur Menschen diese Eindrücke in eine emotionale Landschaft. Wir projizieren unsere eigene emotionale Verfasstheit auf Pflanzen und nehmen an, eine Blume in voller Blüte sei glücklicher als eine, die schon verwelkt. Wenn »glücklich« zu definieren ist als »optimaler physiologischer Zustand«, dann mag der Begriff vielleicht passen. Aber ich glaube, für uns alle bedeutet »glücklich« erheblich mehr als eine strotzende körperliche Gesundheit. Jeder hat schon Menschen kennengelernt, die an verschiedenen Krankheiten litten und sich doch als glücklich ansahen, und andererseits kerngesunde Menschen, die von der Grundstimmung her unglücklich waren. Glück ist, wie wir uns wohl einig sind, ein geistiger Zustand.

Dass eine Pflanze wahrnimmt, beinhaltet auch nicht, dass sie leiden kann. Eine sehende, riechende, spürende Pflanze kann ebenso wenig Schmerz empfinden wie ein Computer mit einem defekten Festplattenlaufwerk. »Schmerz« und »leiden« sind wie »glücklich« sehr subjektive Begriffe und nicht angebracht, wenn es um die Beschreibung von Pflanzen geht. Die International Association for the Study of Pain definiert Schmerz als »unangenehme sensorische und emotionale Erfahrung, die mit tatsächlichen oder potenziellen Schädigungen des Gewebes einhergeht oder wie eine solche Schädigung beschrieben wird«[147]. Vielleicht könnte Schmerz bei einer Pflanze im Sinne von »tatsächlichen oder potenziellen Schädigungen des Gewebes« definiert werden, etwa dann, wenn eine Pflanze physische Not leidet, die zu Zellschäden oder zum Tod führen kann. Eine Pflanze spürt es, wenn ein Blatt von den Kauwerkzeugen eines Insekts durchlöchert wird, eine Pflanze nimmt es wahr, wenn sie bei einem Waldbrand vom Feuer versengt wird. Pflanzen wissen auch, wann ihnen während einer Dürre Wasser fehlt. Aber Pflanzen leiden nicht. Sie haben nach unserem derzeitigen Verständnis nicht die Fähigkeit, eine »unangenehme … emotionale Erfahrung« zu machen. Selbst beim Menschen werden Schmerz und Leiden als getrennte Phänomene angesehen, die von unterschiedlichen Gehirnarealen interpretiert werden.[148] Mithilfe von bildgebenden Verfahren hat man Schmerzzentren tief im Gehirn entdeckt, die Reize vom Hirnstamm her verbreiten, während die Fähigkeit zum Leiden nach Ansicht der Wissenschaftler im präfrontalen Cortex liegt. Wenn also das Leiden am Schmerz hochkomplexe neuronale Strukturen und Verbindungen im präfrontalen Cortex erfordert, die nur höhere Wirbeltiere besitzen, dann leiden Pflanzen offenkundig nicht: Sie haben kein Gehirn.

Mir liegt daran, das Konstrukt einer Pflanze ohne Gehirn zu unterstreichen. Wenn wir uns vor Augen halten, dass eine Pflanze kein Gehirn hat, folgt daraus, dass jede anthropomorphe Beschreibung grundsätzlich nur sehr eingeschränkt gelten kann. Sie ermöglicht uns, das Verhalten von Pflanzen um der Klarheit des Ausdrucks willen in menschliche Begriffe zu fassen, aber wir müssen stets beachten, dass jede derartige Beschreibung dadurch eingegrenzt wird, dass eine Pflanze kein Gehirn hat. Auch wenn wir dieselben Wörter benutzen – »sehen«, »riechen«, »spüren« –, wissen wir doch, dass die sinnliche Erfahrung als Ganzes bei Pflanzen und Menschen qualitativ verschieden ist.

Ohne diesen Vorbehalt kann eine ungebremste Vermenschlichung von pflanzlichem Verhalten verunglücken oder gar komische Folgen haben. So richtete etwa 2008 die Regierung der Schweiz eine Ethikkommission ein, die die »Würde« der Pflanzen schützen sollte.*[149] Eine Pflanze ohne Gehirn macht sich nun aber wahrscheinlich gar keine Sorgen um ihre Würde. Wenn eine Pflanze wahrnehmungsfähig ist, hat das jedoch eine große Bedeutung für unseren Umgang mit dem Pflanzenreich. Vielleicht spiegelt der Versuch der Schweizer Ethikkommission, Pflanzen mit Würde auszustatten, unseren eigenen Versuch wider, unsere Beziehung zur Pflanzenwelt zu definieren. Als Individuum suchen wir unseren Platz in der Gesellschaft häufig dadurch, dass wir uns mit anderen Menschen vergleichen. Als Spezies suchen wir unseren Platz in der Natur dadurch, dass wir uns mit Tieren vergleichen. Es fällt uns leicht, uns in den Augen eines Schimpansen wiederzuerkennen, und wir können uns mit einem Gorillababy identifizieren, das sich an seine Mutter klammert. John Grogans Hund Marley weckt, wie vor ihm Lassie und Rin Tin Tin, tiefe Gefühle der Empathie in uns, und selbst Leute, die nicht unbedingt Hundeliebhaber sind, erkennen an diesen vierbeinigen Freunden mensch-

* Diese Kommission wurde gebildet, um der »Würde der Kreatur« angemessen Rechnung zu tragen, die auch die Würde der Pflanzen einschließt. In Artikel 120 der Schweizer Bundesverfassung heißt es: »Der Bund erlässt Vorschriften über den Umgang mit Keim- und Erbgut von Tieren, Pflanzen und anderen Organismen. Er trägt dabei der Würde der Kreatur sowie der Sicherheit von Mensch, Tier und Umwelt Rechnung und schützt die genetische Vielfalt der Tier- und Pflanzenarten.« Vgl. http://www.admin.ch/ch/d/sr/101/a120.html.

liche Züge. Ich kenne Vogelbesitzer, die behaupten, ihre Papageien könnten sie verstehen, und Fischliebhaber, die menschliches Verhalten im Leben der Fische in der Wasserwelt sehen. Diese Beispiele zeigen deutlich, dass »menschlich« vielleicht nicht mehr als eine Nuance von Intelligenz ist, wenn auch eine interessante.

Wenn sich also Menschen und Pflanzen darin ähnlich sind, dass beide komplexe Lichteinwirkungen, vielschichtige Gerüche und unterschiedliche physische Stimuli wahrnehmen, wenn Menschen wie Pflanzen Vorlieben haben und beide sich erinnern können, sehen wir dann uns selbst, wenn wir eine Pflanze anschauen?

Wir müssen erkennen, dass wir auf allgemeiner Ebene unsere *Biologie* nicht nur mit Schimpansen und Hunden teilen, sondern auch mit Begonien und Mammutbäumen. Wenn wir unseren Rosenbusch in voller Blüte betrachten, sollten wir in ihm einen Verwandten erkennen, der uns vor langer Zeit verlassen hat, und uns dessen bewusst sein, dass er komplexe Umgebungen wahrnehmen kann wie wir und dass wir gemeinsame Gene besitzen. Wenn wir einen Efeu eine Mauer erklimmen sehen, haben wir eine Lebensform vor uns, die ohne ein bestimmtes zufälliges Ereignis in der Urzeit auch die unsere hätte sein können: Wir stehen vor dem Ergebnis eines anderen möglichen Wegs unserer eigenen Evolution, der sich aber vor etwa 2 Milliarden Jahren von dem trennte, den wir genommen haben.

Eine gemeinsame genetische Vergangenheit negiert nicht die Äonen einer getrennten Evolution. Auch wenn Pflanzen und Menschen parallele Fähigkeiten besitzen, die Welt zu spüren und sich ihrer gewahr zu werden, haben die voneinander unabhängigen Wege der Evolution doch zu einer einzigartigen menschlichen Fähigkeit jenseits der Intelligenz geführt, die Pflanzen nicht haben: zu der Fähigkeit, Anteil zu nehmen.

Wenn Sie also das nächste Mal wieder durch einen Park schlendern, halten Sie einen Augenblick inne und fragen Sie sich: Was sieht der Löwenzahn in der Wiese? Was riecht das Gras? Berühren Sie die Blätter einer Eiche in dem Wissen, dass sich der Baum an die Berührung erinnern wird. Aber er wird sich nicht an Sie erinnern. Sie hingegen können sich an diesen besonderen Baum erinnern und die Erinnerung an ihn bewahren.

DANKSAGUNG

Was Pflanzen wissen wäre nie erschienen ohne den Beistand von drei großartigen Frauen.

Die erste ist meine Frau Shira, die mich ermutigt hat, meine Grenzen zu überschreiten und etwas über akademische Forschung und Veröffentlichungen hinaus zu machen und am Ende schließlich »senden« anzuklicken. Ohne ihre Liebe und ihren Glauben an mich wäre dieses Buch nie entstanden.

Die zweite ist meine Agentin, Laurie Abkemeier. Dank ihrer Erfahrung, Hartnäckigkeit, Unterstützung und ihres grenzenlosen Optimismus durfte sich ein unerfahrener Autor wie ein alter Hase fühlen, der schon den Pulitzer-Preis gewonnen hat.

Die dritte ist meine Lektorin Amanda Moon beim Verlag Scientific American/Farrar, Straus and Giroux, die die Herkulesaufgabe hatte, meine akademische Schreibweise in lesbare Prosa zu verwandeln. Amanda hat jedes Kapitel unermüdlich redigiert und nochmals redigiert und dann mit Engelsgeduld noch ein drittes, viertes und fünftes Mal überarbeitet.

Viele Wissenschaftler auf der ganzen Welt haben mir geholfen, an diesem Buch zu feilen, bis es wissenschaftlich solide war. Professor Ian Baldwin (Max-Planck-Institut für chemische Ökologie), Janet Braam (Rice University), John Kiss (Miami University), Viktor Zarsky (Akademie der Wissenschaften der Tschechischen Republik) und Eric Brenner (New York University) waren so freundlich, sich trotz ihrer übervollen Terminkalender die Zeit zu nehmen, einzelne Teile des Buches zu lesen und sicherzustellen, dass die wissenschaftlichen Aussagen Hand und Fuß hatten. Die Idee zu diesem Buch entstand bei Diskussionen mit Eric, und ich werde ihm stets für seinen Scharfblick, seine Ermutigung und seine Freundschaft dankbar sein. Weiterhin danke ich Professor Ted Farmer (Universität Lausanne), Professor Jonathan Gressel (Weizmann Institute of Science), Dr. Lilach Hadany (Universität Tel Aviv), Professor Anders Johnsson (Norwegische Technische Hochschule), Professor Igor Kovalchuk (University of Lethbridge) und Dr. Virginia Shepherd (University of New South Wales) für ihr Mitwirken in verschiedenen Stadien dieses Projekts. Der Einfluss meiner Mentoren, Professor Joseph Hirschberg und Professor Xing-Wang Deng, ist in meiner wissenschaftlichen Arbeit in Wort und Tat überall spürbar.

Valeria Pouder war bei der Neuausgabe eine fantastische wissenschaftliche Mitarbeiterin. Ich danke Karen Maine für ihre Textbearbeitung und die Umsicht, mit der sie mich im Zeitplan gehalten hat, Ingrid Sterner für eine sehr gelungene Redaktion und dem Team im Verlag Scientific American/ Farrar, Straus and Giroux für die äußerst angenehme Zusammenarbeit.

Zu meinem großen Glück habe ich an der Universität Tel Aviv fabelhafte Kollegen, die bei vielen Gesprächen auf dem Flur hilfreiche Ideen beigesteuert haben. Insbesondere lotete ich viele Ideen zu diesem Buch zuerst mit den Professoren Nir Ohad und Shaul Yalovsky in unserem Kurs *Introduction to Plant Sciences* aus. Bei meinen Labormitarbeitern und -mitarbeiterinnen Ofra, Ruti, Sophie, Elah, Mor und Giri möchte ich mich dafür bedanken, dass sie meine Abwesenheit während der Arbeit an diesem Buch akzeptiert haben, aufgrund derer ich ihre wissenschaftliche Arbeit nicht beaufsichtigen konnte, und besonders bei Dr. Tally Yahalom, die stellvertretend für mich das Labor geleitet hat. Mein täglicher Austausch mit ihnen hält mir stets vor Augen, warum Forschung so aufregend ist. Außerdem schulde ich auch dem Förderer des Manna Center for Plant Biosciences Dank, der mich begreifen gelehrt hat, wie vorteilhaft Bescheidenheit und klare Schwerpunkte beim Erreichen wichtiger Ziele zusammenwirken können.

Danken möchte ich auch Alan Chapelski für das Foto und Deborah Luskin für ihre Hilfe beim Einstieg in das Schreiben. Meine engste und weitere Familie war stets eine Quelle vielseitiger Unterstützung. Ich bin allen ewig dankbar, angefangen bei meiner Schwester Raina bis hin zu Ehud, Gitama, Yanai, Phyllis und meiner Mutter Marcia, die als Erste mein Manuskript gelesen haben. Meine Kinder Eytan, Noam und Shani sind mir eine wahre Freude und konnten sogar ein Wort beisteuern, das mir fehlte. Und zum Schluss danke ich meinem Vater David, der mir anbot, meine Texte durchzusehen, mir stets mit Rat und Tat beistand und bis zur Veröffentlichung des Buches regen Anteil an jedem Schritt genommen hat.

BILDNACHWEISE

(1) Amédée Masclef, *Atlas des plantes de France,* Paris 1891.
(2) Varda Wexler.
(3) Ernst Gilg und Karl Schumann, *Das Pflanzenreich*, Hausschatz des Wissens, Neudamm um 1900.
(4) USDA-NRCS PLANTS Database/Nathaniel Lord Britton und Addison Brown, *An Illustrated Flora of the Northern United States, Canada, and the British Possessions*, 3 Bde., New York 1913, Bd. 2, S. 176.
(5) USDA-NRCS PLANTS Database/Nathaniel Lord Britton und Addison Brown, *An Illustrated Flora of the Northern United States, Canada, and the British Possessions*, 3 Bde., New York 1913, Bd. 3, S. 49.
(6) Prof. Dr. Otto Wilhelm Thomé, *Flora von Deutschland, Österreich und der Schweiz,* Gera 1885.
(7) Walter Hood Fitch, *Illustrations of the British Flora,* London 1924.
(8) Francisco Manuel Blanco, *Flora de Filipinas* [Atlas II], Manila 1880–83.
(9) Abgewandelte Form der Abb. 2 und 3 in Martin Heil und Juan Carlos Silva Bueno, »Within-Plant Signaling by Volatiles Leads to Induction and Priming of an Indirect Plant Defense in Nature«, in: *Proceedings of the National Academy of Sciences of the United States of America* 104, Nr. 13 (2007), S. 5467–5472. Copyright © 2007 National Academy of Sciences, USA.
(10) Abbildung nach einem Foto von *Amorphophallus titanum* in der Wilhelma in Stuttgart von Lothar Grünz, 2005.
(11) Amédée Masclef, *Atlas des plantes de France* (1891).
(12) Vom Autor adaptiert von einem Original, das Professor Ariel Novoplansky zur Verfügung gestellt hat.
(13) USDA-NRCS PLANTS Database/Nathaniel Lord Britton and Addison Brown, *An Illustrated Flora of the Northern United States, Canada, and the British Possessions*, 3 Bde. (New York: Charles Scribner's Sons 1913), Bd. 1, S. 231.

(14) USDA-NRCS PLANTS Database, http://plants.usda.gov, aufgerufen am 25. August 2011, National Plant Data Team, Greensboro, N.C., 27401–4901 USA.
(15) Übernommen aus: Charles Darwin, *Insectivorous Plants*, London 1875 (dt. *Insectenfressende Pflanzen,* Stuttgart 1876), Abb. 12.
(16) Paul Hermann Wilhelm Taubert, *Natürliche Pflanzenfamilien,* Leipzig 1891, Bd. III, S. 3.
(17) USDA-NRCS PLANTS Database/Nathaniel Lord Britton und Addison Brown, *An Illustrated Flora of the Northern United States, Canada, and the British Possessions*, 3 Bde., New York 1913, Bd. 3, S. 345.
(18) USDA-NRCS PLANTS Database/Nathaniel Lord Britton und Addison Brown, *An Illustrated Flora of the Northern United States, Canada, and the British Possessions*, 3 Bde., New York 1913, Bd. 3, S. 168.
(19) George Crouter in: Dorothy L. Retallack, *The Sound of Music and Plants,* Santa Monica, Calif. 1973, S. 6.
(20) Francisco Manuel Blanco, *Flora de Filipinas*, Buch 4, Manila 1880–1883.
(21) Prof. Dr. Otto Wilhelm Thomé, *Flora von Deutschland, Österreich und der Schweiz,* Gera 1885.
(22) USDA-NRCS PLANTS Database/Nathaniel Lord Britton and Addison Brown, *An Illustrated Flora of the Northern United States, Canada, and the British Possessions*, 3 Bde. (New York: Charles Scribner's Sons 1913), Bd. 2, S. 601.
(23) Varda Wexler.
(24) Übernommen aus: Charles Darwin, *The Power of Movement in Plants*, London 1880 (dt. *Das Bewegungsvermögen der Pflanzen*, Stuttgart 1881), Abb. 196.
(25) Walter Hood Fitch, *Curtis's Botanical Magazine,* Bd. 94, Serie 3, Nr. 24 (1868), Tafel 5720.
(26) USDA-NRCS PLANTS Database/A. S. Hitchcock, überarbeitet von Agnes Chase, *Manual of the Grasses of the United States*, USDA Miscellaneous Publication Nr. 200, Washington, D.C. 1950.
(27) Übernommen aus: Charles Darwin, *The Power of Movement in Plants*, London 1880 (dt. *Das Bewegungsvermögen der Pflanzen*, Stuttgart 1881), Abb. 6.
(28) USDA-NRCS PLANTS Database/USDA Natural Resources Conservation Service, *Wetland Flora: Field Office Illustrated Guide to Plant Species.*
(29) Varda Wexler.
(30) USDA-NRCS PLANTS Database/Nathaniel Lord Britton und Addison

Brown, *An Illustrated Flora of the Northern United States, Canada, and the British Possessions*, 3 Bde., New York 1913, Bd. 2, S. 436.

(31) USDA-NRCS PLANTS Database/Nathaniel Lord Britton und Addison Brown, *An Illustrated Flora of the Northern United States, Canada, and the British Possessions*, 3 Bde., New York 1913, Bd. 3, S. 497.

(32) USDA-NRCS PLANTS Database/A. S. Hitchcock, überarbeitet von Agnes Chase, *Manual of the Grasses of the United States*, USDA Miscellaneous Publication Nr. 200, Washington, D.C. 1950.

ANMERKUNGEN

VORWORT

1 Daniel A. Chamovitz et al., »The COP9 Complex, a Novel Multisubunit Nuclear Regulator Involved in Light Control of a Plant Developmental Switch«, in: *Cell* 86, Nr. 1 (1996), S. 115–121.
2 Daniel A. Chamovitz und Xing-Wang Deng, »The Novel Components of the Arabidopsis Light Signaling Pathway May Define a Group of General Developmental Regulators Shared by Both Animal and Plant Kingdoms«, in: *Cell* 82, Nr. 3 (1995), S. 353f.
3 Alyson Knowles et al., »The COP9 Signalosome Is Required for Light-Dependent Timeless Degradation and *Drosophila* Clock Resetting«, in: *Journal of Neuroscience* 29, Nr. 4 (2009), S. 1152–1162; Ning Wei, Giovanna Serino und Xing-Wang Deng, »The COP9 Signalosome: More Than a Protease«, in: *Trends in Biochemical Sciences* 33, Nr. 12 (2008), S. 592–600.
4 Peter Tompkins und Christopher Bird, *The Secret Life of Plants,* New York 1973; dt. *Das geheime Leben der Pflanzen,* München 1974; Arthur W. Galston, »The Unscientific Method«, in: *Natural History* 83 (1974), S. 18, 21, 24.

WAS EINE PFLANZE SIEHT

5 Definition im *Merriam-Webster*, www.merriam-webster.com/dictionary/sight.
6 Charles Darwin, *The Power of Movement in Plants*, London 1880; dt. *Das Bewegungsvermögen der Pflanzen,* übersetzt von J. Victor Carus, Stuttgart 1881, S. 384.
7 Charles Darwin, a. a. O., S. 388.
8 Eine kurze Geschichte der Forschungsarbeiten zum Thema Licht am US-Landwirtschaftsministerium findet sich unter www.ars.usda.gov/is/timeline/light.htm.
9 Wightman W. Garner und Harry A. Allard, »Photoperiodism, the Response

of the Plant to Relative Length of Day and Night«, in: *Science* 55, Nr. 1431 (1922), S. 582f.

10 Marion W. Parker et al., »Action Spectrum for the Photoperiodic Control of Floral Initiation in Biloxi Soybean«, in: *Science* 102, Nr. 2641 (1945), S. 152–155.

11 Harry Alfred Borthwick, Sterling B. Hendricks und Marion W. Parker, »The Reaction Controlling Floral Initiation«, in: *Proceedings of the National Academy of Sciences of the United States of America* 38, Nr. 11 (1952), S. 929–934; Harry Alfred Borthwick et al., »A Reversible Photoreaction Controlling Seed Germination«, in: *Proceedings of the National Academy of Sciences of the United States of America* 38, Nr. 8 (1952), S. 662–666.

12 Warren L. Butler et al., »Detection, Assay, and Preliminary Purification of the Pigment Controlling Photoresponsive Development of Plants«, in: *Proceedings of the National Academy of Sciences of the United States of America* 45, Nr. 12 (1959), S. 1703–1708.

13 Maarten Koornneef, E. Rolff und Carel Johannes Pieter Spruit, »Genetic Control of Light-Inhibited Hypocotyl Elongation in *Arabidopsis thaliana* (L) Heynh«, in: *Zeitschrift für Pflanzenphysiologie* 100, Nr. 2 (1980), S. 147–160.

14 Joanne Chory, »Light Signal Transduction: An Infinite Spectrum of Possibilities«, in: *Plant Journal* 61, Nr. 6 (2010), S. 982–991.

15 Georg Kreimer, »The Green Algal Eyespot Apparatus: A Primordial Visual System and More?«, in: *Current Genetics* 55, Nr. 1 (2009), S. 19–43.

16 Jonathan Gressel, »Blue-Light Photoreception«, in: *Photochemistry and Photobiology* 30, Nr. 6 (1979), 749–754; Margaret Ahmad und Anthony R. Cashmore, »*HY4* Gene of *A. thaliana* Encodes a Protein with Characteristics of a Blue-Light Photoreceptor«, in: *Nature* 366, Nr. 6451 (1993), S. 162–166.

17 Anthony R. Cashmore, »Cryptochromes: Enabling Plants and Animals to Determine Circadian Time«, in: *Cell* 114, Nr. 5 (2003), S. 537–543.

WAS EINE PFLANZE RIECHT

18 Definition im *Merriam-Webster,* www.merriam-webster.com/dictionary/smell.

19 Frank E. Denny, »Hastening the Coloration of Lemons«, in: *Agricultural Research* 27 (1924), S. 757–769.

20 Richard Gane, »Production of Ethylene by Some Ripening Fruits«, in: *Nature* 134 (1934), S. 1008; und William Crocker, A. E. Hitchcock und P. W. Zimmerman, »Similarities in the Effects of Ethylene and the Plant

Auxins«, in: *Contributions from Boyce Thompson Institute* 7 (1935), S. 231–248.

21 Justin B. Runyon, Mark C. Mescher und Consuelo M. De Moraes, »Volatile Chemical Cues Guide Host Location and Host Selection by Parasitic Plants«, in: *Science* 313, Nr. 5795 (2006), S. 1964–1967.

22 David F. Rhoades, »Responses of Alder and Willow to Attack by Tent Caterpillars and Webworms: Evidence for Pheromonal Sensitivity of Willows«, in: *Plant Resistance to Insects*, hg. von Paul A. Hedin (Washington, D.C. 1983), S. 55–68.

23 Ian T. Baldwin und Jack C. Schultz, »Rapid Changes in Tree Leaf Chemistry Induced by Damage: Evidence for Communication Between Plants«, in: *Science* 221, Nr. 4607 (1983), S. 277ff.

24 Simon V. Fowler und John H. Lawton, »Rapidly Induced Defenses and Talking Trees: The Devil's Advocate Position«, in: *American Naturalist* 126, Nr. 2 (1985), S. 181–195.

25 »Scientists Turn New Leaf, Find Trees Can Talk«, in: *Los Angeles Times*, 6. Juni 1983, A9; »Shhh. Little Plants Have Big Ears«, in: *Miami Herald*, 11. Juni 1983, 1B; »Trees Talk, Respond to Each Other, Scientists Believe«, in: *Sarasota Herald-Tribune*, 6. Juni 1983; »When Trees Talk«, in: *New York Times*, 7. Juni 1983.

26 Martin Heil und Juan Carlos Silva Bueno, »Within-Plant Signaling by Volatiles Leads to Induction and Priming of an Indirect Plant Defense in Nature«, in: *Proceedings of the National Academy of Sciences of the United States of America* 104, Nr. 13 (2007), S. 5467–5472.

27 Hwe-Su Yi et al., »Airborne Induction and Priming of Plant Defenses Against a Bacterial Pathogen«, in: *Plant Physiology* 151, Nr. 4 (2009), S. 2152–2161.

28 Vladimir Shulaev, Paul Silverman und Ilya Raskin, »Airborne Signalling by Methyl Salicylate in Plant Pathogen Resistance«, in: *Nature* 385, Nr. 6618 (1997), S. 718–721.

29 Mirjana Seskar, Vladimir Shulaev und Ilya Raskin, »Endogenous Methyl Salicylate in Pathogen-Inoculated Tobacco Plants«, in: *Plant Physiology* 116, Nr. 1 (1998), S. 387–392.

30 Michael Pollan, *The Botany of Desire: A Plant's-Eye View of the World*, New York 2001; dt. *Die Botanik der Begierde*, München 2002.

31 Shani Gelstein et al., »Human Tears Contain a Chemosignal«, in: *Science* 331, Nr. 6014 (2011), S. 226–230.

WAS EINE PFLANZE SCHMECKT

32 Jayakumar Bose et al., »Low-pH and Aluminum Resistance in *Arabidopsis* Correlates with High Cytosolic Magnesium Content and Increased Magnesium Uptake by Plant Roots«, in: *Plant and Cell Physiology* 54, Nr. 7 (2013), S. 1093–1104.

33 Pierre Fourcroy et al., »Involvement of the ABCG37 Transporter in Secretion of Scopoletin and Derivatives by *Arabidopsis* Roots in Response to Iron Deficiency«, in: *New Phytologist* 201, Nr. 1 (2014), S. 155–167.

34 Julius von Sachs, *Vorlesungen über Pflanzen-Physiologie,* Leipzig 1882.

35 Doron Shkolnik et al., »Hydrotropism: Root Bending Does Not Require Auxin Redistribution«, in: *Molecular Plant* 9, Nr. 5 (2016), S. 757–759.

36 Jonathan Lynch, »Root Architecture and Plant Productivity«, in: *Plant Physiology* 109, Nr. 1 (1995), S. 7–13.

37 Jinming Zhu, Kathleen M. Brown und Jonathan P. Lynch, »Root Cortical Aerenchyma Improves the Drought Tolerance of Maize (*Zea mays* L.)«, in: *Plant, Cell & Environment* 33, Nr. 5 (2010), S. 740–749.

38 V. Vadez et al., »DREB1A Promotes Root Development in Deep Soil Layers and Increases Water Extraction Under Water Stress in Groundnut«, in: *Plant Biology* 15, Nr. 1 (2013), S. 45–52.

39 Omer Falik et al., »Rumor Has It ...: Relay Communication of Stress Cues in Plants«, in: *PLoS One* 6, Nr. 11 (2011), e23625.

40 Omer Falik, Ishay Hoffmann und Ariel Novoplansky, »Say It with Flowers: Flowering Acceleration by Root Communication«, in: *Plant Signaling & Behavior* 9, Nr. 4 (2014), e28258.

41 Bruce E. Mahall und Ragan M. Callaway, »Root Communication Among Desert Shrubs«, in: *Proceedings of the National Academy of Sciences of the United States of America* 88, Nr. 3 (1991), S. 874–876.

42 Michael Gruntman und Ariel Novoplansky, »Physiologically Mediated Self/Non-self Discrimination in Roots«, in: *Proceedings of the National Academy of Sciences of the United States of America* 101, Nr. 11 (2004), S. 3863–3867.

43 http://www.fao.org/fileadmin/templates/wsfs/docs/Issues_papers/HLEF2050_Global_Agriculture.pdf, aufgerufen am 1. Oktober 2016.

44 Kristin Simons et al., »Molecular Characterization of the Major Wheat Domestication Gene *Q*«, in: *Genetics* 172, Nr. 1 (2006), S. 547–555.

45 Zitong Gong et al., »Origin and Development of Soil Science in Ancient China«, in: *Geoderma* 115, Nr. 1–2 (2003), S. 3–13; Michael Balter, »Researchers Discover First Use of Fertilizer«, in: *Science*, 15. Juli 2013.

46 Daten entnommen aus: http://www.ers.usda.gov/data-products/fertilizer-use-and-price.aspx, aufgerufen am 23. September 2016.
47 Daten entnommen aus: http://www.ers.usda.gov/data-products/wheat-data.aspx, aufgerufen am 23. September 2016.

WAS EINE PFLANZE FÜHLT

48 Charles Darwin, *Insectivorous Plants*, London 1875; dt. *Insectenfressende Pflanzen*, übersetzt von Victor Carus, Stuttgart 1876, S. 259.
49 Darwin, a. a. O., S. 1.
50 Darwin, a. a. O., S. 263f.
51 John Burdon-Sanderson, »On the Electromotive Properties of the Leaf of *Dionaea* in the Excited and Unexcited States«, in: *Philosophical Transactions of the Royal Society* 173 (1882), S. 1–55.
52 Alexander G. Volkov, Tejumade Adesina und Emil Jovanov, »Closing of Venus Flytrap by Electrical Stimulation of Motor Cells«, in: *Plant Signaling & Behavior* 2, Nr. 3 (2007), S. 139–145.
53 A. a. O. und: Dieter Hodick und Andreas Sievers, »The Action Potential of *Dionaea muscipula* Ellis«, in: *Planta* 174, Nr. 1 (1988), S. 8–18.
54 Virginia A. Shepherd, »From Semi-conductors to the Rhythms of Sensitive Plants: The Research of J. C. Bose«, in: *Cellular and Molecular Biology* 51, Nr. 7 (2005), S. 607–619.
55 Subrata Dasgupta, »Jagadis Bose, Augustus Waller, and the Discovery of ›Vegetable Electricity‹«, in: *Notes and Records of the Royal Society of London* 52, Nr. 2 (1998), S. 307–322.
56 Frank B. Salisbury, *The Flowering Process*, International Series of Monographs on Pure and Applied Biology, Division: Plant Physiology, New York 1963.
57 Mark J. Jaffe, »Thigmomorphogenesis: The Response of Plant Growth and Development to Mechanical Stimulation – with Special Reference to *Bryonia dioica*«, in: *Planta* 114, Nr. 2 (1973), S. 143–157.
58 Janet Braam und Ronald W. Davis, »Rain-Induced, Wind-Induced, and Touch-Induced Expression of Calmodulin and Calmodulin-Related Genes in Arabidopsis«, in: *Cell* 60, Nr. 3 (1990), S. 357–364.
59 Dennis Lee, Diana H. Polisensky und Janet Braam, »Genome-Wide Identification of Touch- and Darkness-Regulated Arabidopsis Genes: A Focus on Calmodulin-Like and *XTH* Genes«, in: *New Phytologist* 165, Nr. 2 (2005), S. 429–444.
60 David C. Wildon et al., »Electrical Signaling and Systemic Proteinase-Inhi-

bitor Induction in the Wounded Plant«, in: *Nature* 360, Nr. 6399 (1992), S. 62–65.

61 Seyed A. R. Mousavi et al., »*GLUTAMATE RECEPTOR-LIKE* Genes Mediate Leaf-to-Leaf Wound Signalling«, in: *Nature* 500 (2013), S. 422–426.

WAS EINE PFLANZE HÖRT

62 Zum Beispiel »Plants and Music«, www.miniscience.com/projects/plant music/index.html.

63 Ross E. Koning, Science Projects on Music and Sound, Plant Physiology Information website, http://plantphys.info/music.shtml; www.youth.net/nsrc/sci/sci048.html#anchor992130.

64 Douglas Quenqua, »Noisy Predators Put Plants on Alert, Study Finds«, in: *New York Times*, 1. Juli 2014; Heidi Appel und Rex Cocroft, »Plants Respond to Leaf Vibrations Caused by Insect Herbivore Chewing«, in: *Oecologia* 175, Nr. 4 (2014), S. 1257–1266.

65 Hearing Impairment Information, www.disabled-world.com/disability/types/hearing.

66 Francis Darwin, Hg., *Charles Darwin: His Life Told in an Autobiographical Chapter and in a Selected Series of His Published Letters,* London 1892.

67 Katherine Creath und Gary E. Schwartz, »Measuring Effects of Music, Noise, and Healing Energy Using a Seed Germination Bioassay«, in: *Journal of Alternative and Complementary Medicine* 10, Nr. 1 (2004), S. 113–122.

68 The Veritas Research Program, http://veritas.arizona.edu.

69 Ray Hyman, »How Not to Test Mediums: Critiquing the Afterlife Experiments«, www.csicop.org/si/show/how_not_to_test_mediums_critiquing_the_afterlife_experiments//; Robert Todd Carroll, »Gary Schwartz's Subjective Evaluation of Mediums: *Veritas* or Wishful Thinking?«, http://skepdic.com/essays/gsandsv.html.

70 Creath und Schwartz, »Measuring Effects of Music, Noise, and Healing Energy«.

71 Pearl Weinberger und Mary Measures, »The Effect of Two Audible Sound Frequencies on the Germination and Growth of a Spring and Winter Wheat«, in: *Canadian Journal of Botany* 46, Nr. 9 (1968), S. 1151–1158. Pearl Weinberger und Mary Measures, »Effects of the Intensity of Audible Sound on the Growth and Development of Rideau Winter Wheat«, in: *Canadian Journal of Botany* 57, Nr. 9 (1979), S. 1036–1039.

72 Dorothy L. Retallack, *The Sound of Music and Plants*, Santa Monica, Calif. 1973.
73 Anthony Ripley, »Rock or Bach an Issue to Plants, Singer Says«, in: *New York Times*, 21. Februar 1977.
74 Franklin Loehr, *The Power of Prayer on Plants,* Garden City, N.Y. 1959.
75 Linda Chalker-Scott, »The Myth of Absolute Science: ›If It's Published, It Must Be True‹«, http://www.puyallup.wsu.edu/~linda%20chalker-scott/Horticultural%20Myths_files/index.html.
76 Richard M. Klein und Pamela C. Edsall, »On the Reported Effects of Sound on the Growth of Plants«, in: *Bioscience* 15, Nr. 2 (1965), S. 125f.
77 Ebenda.
78 Peter Tompkins und Christopher Bird, *The Secret Life of Plants*, New York 1973; dt. *Das geheime Leben der Pflanzen*, Bern, München 1974.
79 Arthur W. Galston, »The Unscientific Method«, in: *Natural History* 83 (1974), S. 18, 21, 24.
80 Janet Braam und Ronald W. Davis, »Rain-Induced, Wind-Induced, and Touch-Induced Expression of Calmodulin and Calmodulin-Related Genes in Arabidopsis«, in: *Cell* 60, Nr. 3 (1990), S. 357–364.
81 Peter Scott, *Physiology and Behaviour of Plants,* Hoboken, N. J. 2008.
82 The Arabidopsis Genome Initiative, »Analysis of the Genome Sequence of the Flowering Plant *Arabidopsis thaliana*«, in: *Nature* 408, Nr. 6814 (2000), S. 796–815.
83 Alan M. Jones et al., »The Impact of *Arabidopsis* on Human Health: Diversifying Our Portfolio«, in: *Cell* 133, Nr. 6 (2008), S. 939–943.
84 Daniel A. Chamovitz und Xing-Wang Deng, »The Novel Components of the Arabidopsis Light Signaling Pathway May Define a Group of General Developmental Regulators Shared by Both Animal and Plant Kingdoms«, in: *Cell* 82, Nr. 3 (1995), S. 353f.
85 Kiyomi Abe et al., »Inefficient Double-Strand DNA Break Repair Is Associated with Increased Fascination in *Arabidopsis* BRCA2 Mutants«, in: *Journal of Experimental Botany* 60, Nr. 9 (2009), S. 2751–2761.
86 Valera V. Peremyslov et al., »Two Class XI Myosins Function in Organelle Trafficking and Root Hair Development in Arabidopsis«, in: *Plant Physiology* 146, Nr. 3 (2008), S. 1109–1116.
87 »Phonobiologic Wines«, http://www.brightgreencities.com/v1/en/bright-green-book/italia/vinho-fonobiologico/.
88 Monica Gagliano, Stefano Mancuso und Daniel Robert, »Towards Under-

standing Plant Bioacoustics«, in: *Trends in Plant Science* 17, Nr. 6 (2012), S. 323–325.

89 Monica Gagliano et al., »Tuned In: Plant Roots Use Sound to Locate Water«, in: *Oecologia* 184, Nr. 1 (2017), S. 151–160.

90 E. Gregory McPherson und Paula P. Peper, »Costs of Street Tree Damage to Infrastructure«, in: *Arboricultural Journal* 20, Nr. 2 (1996), S. 143–160.

91 L. Hadany, persönliche Mitteilung.

92 R. Ghosh et al., »Exposure to Sound Vibrations Lead to Transcriptomic, Proteomic, and Hormonal Changes in Arabidopsis«, in: *Scientific Reports* 6, Artikel 33370 (2016).

93 Entnommen aus Janet D. Stemwedel, »Drawing the Line Between Science and Pseudo-science«, in: *Doing Good Science* (Blog), *Scientific American*, 4. Oktober 2011.

WOHER EINE PFLANZE WEISS, WO SIE IST

94 Henri-Louis Duhamel du Monceau, *La physique des arbres où il est traité de l'anatomie des plantes et de l'économie végétale: Pour servir d'introduction au »Traité complet des bois & des forests«, avec une dissertation sur l'utilité des méthodes de botanique & une explication des termes propres à cette science & qui sont en usage pour l'exploitation des bois & des forêts,* Paris 1758.

95 Thomas Andrew Knight, »On the Direction of the Radicle and German During the Vegetation of Seeds«, in: *Philosophical Transactions of the Royal Society of London* 96 (1806), S. 99–108.

96 Charles Darwin, *Das Bewegungsvermögen der Pflanzen*, übersetzt von J. Victor Carus, Stuttgart 1881, S. 384.

97 Ryuji Tsugeki und Nina V. Fedoroff, »Genetic Ablation of Root Cap Cells in *Arabidopsis*«, in: *Proceedings of the National Academy of Sciences of the United States of America* 96, Nr. 22 (1999), S. 12941–12946.

98 Miyo Terao Morita, »Directional Gravity Sensing in Gravitropism«, in: *Annual Review of Plant Biology* 61 (2010), S. 705–720.

99 Joanna W. Wysocka-Diller et al., »Molecular Analysis of SCARECROW Function Reveals a Radial Patterning Mechanism Common to Root and Shoot«, in: *Development* 127, Nr. 3 (2000), S. 595–603.

100 Daisuke Kitazawa et al., »Shoot Circumnutation and Winding Movements Require Gravisensing Cells«, in: *Proceedings of the National Academy of Sciences of the United States of America* 102, Nr. 51 (2005), S. 18742–18747.

101 Wysocka-Diller et al., »Molecular Analysis of SCARECROW Function«.

102 Sean E. Weise et al., »Curvature in *Arabidopsis* Inflorescence Stems Is Limited to the Region of Amyloplast Displacement«, in: *Plant and Cell Physiology* 41, Nr. 6 (2000), S. 702–709.

103 John Z. Kiss, W. Jira Katembe und Richard E. Edelmann, »Gravitropism and Development of Wild-Type and Starch-Deficient Mutants of Arabidopsis During Spaceflight«, in: *Physiologia Plantarum* 102, Nr. 4 (1998), S. 493–502.

104 Peter Boysen-Jensen, »Über die Leitung des phototropischen Reizes in der Avenakoleoptile«, in: *Berichte der Deutschen Botanischen Gesellschaft* 31 (1913), S. 559–566.

105 Maria Stolarz et al., »Disturbances of Stem Circumnutations Evoked by Wound-Induced Variation Potentials in *Helianthus annuus* L.«, in: *Cellular & Molecular Biology Letters* 8, Nr. 1 (2003), S. 31–40.

106 Anders Johnsson und Donald Israelsson, »Application of a Theory for Circumnutations to Geotropic Movements«, in: *Physiologia Plantarum* 21, Nr. 2 (1968), S. 282–291.

107 Allan H. Brown et al.,»Circumnutations of Sunflower Hypocotyls in Satellite Orbit«, in: *Plant Physiology* 94, Nr. 1 (1990), S. 233–238.

108 John Z. Kiss, »Up, Down, and All Around: How Plants Sense and Respond to Environmental Stimuli«, in: *Proceedings of the National Academy of Sciences of the United States of America* 103, Nr. 4 (2006), S. 829f.

109 Kitazawa et al., »Shoot Circumnutation and Winding Movements Require Gravisensing Cells«.

110 Anders Johnsson, Bjarte Gees Solheim und Tor-Henning Iversen, »Gravity Amplifies and Microgravity Decreases Circumnutations in *Arabidopsis thaliana* Stems: Results from a Space Experiment«, in: *New Phytologist* 182, Nr. 3 (2009), S. 621–629.

111 Morita, »Directional Gravity Sensing in Gravitropism«.

WORAN SICH EINE PFLANZE ERINNERT

112 Mark J. Jaffe, »Experimental Separation of Sensory and Motor Functions in Pea Tendrils«, in: *Science* 195, Nr. 4274 (1977), S. 191f.

113 Endel Tulving, »How Many Memory Systems Are There?«, in: *American Psychologist* 40, Nr. 4 (1985), S. 385–398. Obwohl Tulvings Modelle des Gedächtnisses weithin anerkannt sind, sollte man sie nicht als monolithisch akzeptieren. Zum Gedächtnis gibt es zahlreiche Modelle und Theorien, die sich nicht alle gegenseitig ausschließen.

114 Fatima Cvrčková, Helena Lipavská und Viktor Žárský, »Plant Intelligence: Why, Why Not, or Where?«, in: *Plant Signaling & Behavior* 4, Nr. 5 (2009), S. 394–399.

115 Todd C. Sacktor, »How Does PKMz Maintain Long-Term Memory?«, in: *Nature Reviews Neuroscience* 12, Nr. 1 (2011), S. 9–15.

116 John S. Burdon-Sanderson, »On the Electromotive Properties of the Leaf of *Dionaea* in the Excited and Unexcited States«, in: *Philosophical Transactions of the Royal Society of London* 173 (1882), S. 1–55.

117 Dieter Hodick und Andreas Sievers, »The Action Potential of *Dionaea muscipula* Ellis«, in: *Planta* 174, Nr. 1 (1988), S. 8–18.

118 Alexander G. Volkov, Tejumade Adesina und Emil Jovanov, »Closing of Venus Flytrap by Electrical Stimulation of Motor Cells«, in: *Plant Signaling & Behavior* 2, Nr. 3 (2007), S. 139–145.

119 Ebenda.

120 Rudolf Dostál, *On Integration in Plants*, ins Engl. übersetzt von Jana Moravkova Kiely, Cambridge, Mass. 1967.

121 Beschrieben bei Anthony Trewavas, »Aspects of Plant Intelligence«, in: *Annals of Botany* 92, Nr. 1 (2003), S. 1–20.

122 Michel Thellier et al., »Long-Distance Transport, Storage, and Recall of Morphogenetic Information in Plants: The Existence of a Sort of Primitive Plant ›Memory‹«, in: *Comptes Rendus de l'Académie des Sciences, Série III* 323, Nr. 1 (2000), S. 81–91.

123 E. W. Caspari und R. E. Marshak, »The Rise and Fall of Lysenko«, in: *Science* 149, Nr. 3681 (1965), S. 275–278.

124 Ebenda.

125 John H. Klippart, *Ohio State Board of Agriculture Annual Report* 12 (1857), S. 562–816.

126 Ruth Bastow et al., »Vernalization Requires Epigenetic Silencing of *FLC* by Histone Methylation«, in: *Nature* 427, Nr. 6970 (2004), S. 164–167; Yuehui He, Mark R. Doyle und Richard M. Amasino, »PAF1-Complex-Mediated Histone Methylation of *Flowering Locus C* Chromatin Is Required for the Vernalization-Responsive, Winter-Annual Habit in *Arabidopsis*«, in: *Genes & Development* 18, Nr. 22 (2004), S. 2774–2784.

127 Pedro Crevillén et al., »Epigenetic Reprogramming That Prevents Transgenerational Inheritance of the Vernalized State«, in: *Nature* 515, Nr. 7528 (2014), S. 587–590.

128 Pedro Crevillen und Caroline Dean, »Regulation of the Floral Repressor

Gene *FLC*: The Complexity of Transcription in a Chromatin Context«, in: *Current Opinion in Plant Biology* 14, Nr. 1 (2011), S. 38–44.

129 Jean Molinier et al., »Transgeneration Memory of Stress in Plants«, in: *Nature* 442, Nr. 7106 (2006), S. 1046–1049.

130 Alex Boyko et al., »Transgenerational Adaptation of *Arabidopsis* to Stress Requires DNA Methylation and the Function of Dicer-Like Proteins«, in: *PLoS One* 5, Nr. 3 (2010), S. e9514.

131 Ales Pecinka et al., »Transgenerational Stress Memory Is Not a General Response in Arabidopsis«, in: *PLoS One* 4, Nr. 4 (2009), S. e5202.

132 Sergio Rasmann et al., »Herbivory in the Previous Generation Primes Plants for Enhanced Insect Resistance«, in: *Plant Physiology* 158, Nr. 2 (2012), S. 854–863.

133 Eva Jablonka und Gal Raz, »Transgenerational Epigenetic Inheritance: Prevalence, Mechanisms, and Implications for the Study of Heredity and Evolution«, in: *Quarterly Review of Biology* 84, Nr. 2 (2009), S. 131–176; Faculty of 1000, evaluations, dissents, and comments for Molinier et al., »Transgeneration Memory of Stress in Plants«, Faculty of 1000, 19. September 2006, F1000.com/1033756; Ki-Hyeon Seong et al., »Inheritance of Stress-Induced, ATF-2-Dependent Epigenetic Change«, in: *Cell* 145, Nr. 7 (2011), S. 1049–1061.

134 Tia Ghose, »How Stress Is Inherited«, in: *Scientist* (2011), http://the-scientist.com/2011/07/01/how-stress-is-inherited.

135 Peter A. Crisp et al., »Reconsidering Plant Memory: Intersections Between Stress Recovery, RNA Turnover, and Epigenetics«, in: *Science Advances* 2, Nr. 2 (2016), S. e1501340.

136 Eric D. Brenner et al., »Arabidopsis Mutants Resistant to S(+)-Beta-Methyl-Alpha, Beta-Diaminopropionic Acid, a Cycad-Derived Glutamate Receptor Agonist«, in: *Plant Physiology* 124, Nr. 4 (2000), S. 1615–1624; Hon-Ming Lam et al., »Glutamate-Receptor Genes in Plants«, in: *Nature* 396, Nr. 6707 (1998), S. 125f.

137 Erwan Michard et al., »Glutamate Receptor-Like Genes Form Ca^{2+} Channels in Pollen Tubes and Are Regulated by Pistil D-Serine«, in: *Science* 332, Nr. 6028 (2011) S. 434–437.

138 Tulving, »How Many Memory Systems Are There?«.

139 Cvrčková, Lipavská und Žárský, »Plant Intelligence«.

EPILOG: DIE WAHRNEHMENDE PFLANZE

140 Alfred Binet, Théodore Simon und Clara Harrison Town, *A Method of Measuring the Development of the Intelligence of Young Children,* Lincoln, Ill. 1912; Howard Gardner, *Intelligence Reframed: Multiple Intelligences for the 21st Century,* New York 1999 (dt. *Intelligenzen: Die Vielfalt des menschlichen Geistes,* Stuttgart 2002); Stephen Greenspan und Harvey N. Switzky, »Intelligence Involves Risk-Awareness and Intellectual Disability Involves Risk-Unawareness: Implications of a Theory of Common Sense«, in: *Journal of Intellectual and Developmental Disability*, 36, Nr. 4 (2011), S. 242–253; Robert J. Sternberg, *The Triarchic Mind: A New Theory of Human Intelligence,* New York 1988.

141 Reuven Feuerstein, »The Theory of Structural Modifiability«, in: *Learning and Thinking Styles: Classroom Interaction*, hg. von Barbara Z. Presseisen, Washington, D.C. 1990; Reuven Feuerstein, Refael S. Feuerstein und Louis H. Falik, *Beyond Smarter: Mediated Learning and the Brain's Capacity for Change,* New York 2010; Binyamin Hochner, »Octopuses«, in: *Current Biology* 18, Nr. 19 (2008), S. R897f.; Britt Anderson, »The G Factor in Non-human Animals«, in: *Novartis Foundation Symposium* 233 (2000), S. 79–90, Diskussion S. 90–95.

142 William Lauder Lindsay, »Mind in Plants«, in: *British Journal of Psychiatry* 21 (1876), S. 513–532.

143 Anthony Trewavas, »Aspects of Plant Intelligence« [bereits zitiert: Anm. 121].

144 Charles Darwins Gesammelte Werke, 13. Bd. 1. Hlf., *Das Bewegungsvermögen der Pflanzen*, übersetzt von J. Victor Carus, E. Schweizerbart, Stuttgart 1881, S. 491 f.

145 František Baluška, Simcha Lev-Yadun und Stefano Mancuso, »Swarm Intelligence in Plant Roots«, in: *Trends in Ecology and Evolution* 25, Nr. 12 (2010), S. 682 f.; František Baluška et al., »The ›Root-Brain‹ Hypothesis of Charles and Francis Darwin: Revival After More Than 125 Years«, in: *Plant Signaling & Behavior* 4, Nr. 12 (2009), S. 1121–1127; Elisa Masi et al., »Spatiotemporal Dynamics of the Electrical Network Activity in the Root Apex«, in: *Proceedings of the National Academy of Sciences of the United States of America* 106, Nr. 10 (2009), S. 4048–4053.

146 Amedeo Alpi et al., »Plant Neurobiology: No Brain, No Gain?«, in: *Trends in Plant Science* 12, Nr. 4 (2007), S. 135f.

147 »Need of a Taxonomy«, in: *Pain* 6, Nr. 3 (1979), S. 247–252. Vgl. auch

http://www.iasp-pain.org/AM/Template.cfm?Section=Pain_Definitions&Template=/CM/HTMLDisplay.cfm&ContentID=1728#Pain.

148 Michael C. Lee und Irene Tracey, »Unravelling the Mystery of Pain, Suffering, and Relief with Brain Imaging«, in: *Current Pain and Headache Reports* 14, Nr. 2 (2010), S. 124–131.

149 Alison Abbott, »Swiss ›Dignity‹ Law Is Threat to Plant Biology«, in: *Nature* 452, Nr. 7190 (2008), S. 919.

REGISTER